地球環境学と歴史学

シルクロード、
カラ＝ホト遺跡共同調査
プロジェクト体験記

Nakawo Masayoshi
中尾正義

山川出版社

地球環境学と歴史学

シルクロード、カラ＝ホト遺跡共同調査プロジェクト体験記

目次

第一章

地球環境学の幕開け

地球環境問題

アメリカに「タイム(TIME)」という有名な週刊誌がある。タイム誌は、毎年、年末または年頭に「今年の人(Man of the Year あるいは Woman of the Year、最近は Person of the Year)」として一年間に話題となった人あるいは活躍した人の顔を大きくその表紙に取り上げる。たとえば、一九三八年には、アドルフ・ヒットラーが、一九八六年にはフィリッピンのコラソン・アキノ大統領が「今年の人」としてその顔が大きくアップされて「タイム誌」の表紙を飾った。

図1　1989年1月2日のタイム誌の表紙

一九八九年。その年は違った。一月二日付けの「タイム誌」が取り上げたのは人の顔ではなかった。「今年の惑星(Planet of the year)」というタイトルで、縄でがんじがらめに縛られた「地球」の絵がその表紙を飾ったのである。「危機に瀕する地球(Endangered Earth)」という副題がつけられていた(図1)。いわゆる地球環境問題がわれわれ人類の大問題として広く世間に取り上げられはじめたことを象徴する誌面であった。

地球環境問題がマスコミに取りあげられるようになったのは一九七〇年代の後半ころからである。当時マスコミを賑わしていたのは「暖かくなる地球」で、いわゆる地球温暖化の進行にともなう海面上昇問題が中心であった。「地球の温暖化によって北極の氷が融けて世界の海面が上昇する」という論調が日刊紙や週刊誌に幾度となく取り上げられた。

いくらか例外はあるものの、世界の大都市の大部分は沿岸部に立地しており、その標高は高々数メートルにしかすぎない。海面がわずかでも上昇すれば全世界を巻き込む未曾有の大惨事となることは想像に難くない。領土の大部分が海面の高さとさほど違わないバングラデッシュや太平洋の島々は海に水没してしまうことになるという警告でもあった。

地球温暖化問題は、科学者たちによる発言が世間を動かし、政治を動かし、人類共通の課題として問題意識を喚起した初めての例ではなかろうか。もっとも、総合研究大学院大学の米本昌平さんによれば、契機となった地球温暖化問題は、科学的アセスメントによって危機が確定されるより前に、「予防原則」によって、条約締結などの具体的作業に入った珍しいものだとのことである。

地球温暖化による海面上昇問題を喧伝した初期のマスコミの論調は正確ではない。北極地方は北極海という海で覆われており、そこにある氷は海の水が凍ったいわゆる海氷である。その氷が融けても海面の高さへの影響はない。世界の海水量を増やし、海面を押し上げているのは世界各地の高山にある山岳氷河の縮小による。とりわけ、モンスーンの影響を強く受けているアジアの山岳地に分布する氷河の縮小速度は極めて速く、その動向を注意深く見守らなければならない。山岳氷河の縮小に加えて、最近はグリーンランド氷床が小さくなってきているということも、海面上昇の原因として注目を集めている。

ともあれ、「地球温暖化＋海面上昇」に端を発した問題意識は、海洋汚染や砂漠化の進行、オゾン層破壊による紫外線被害、生物多様性の喪失、森林の減少など実に多様な環境問題に対する注意を喚起した。人類共通の課題としての、いわゆる地球環境問題という問題意識を人々に植え付けたのであった。

地球環境問題がいわゆる公害問題と異なるのは、問題の加害者を特定できないという点が最も大きい。ある特定の原因がひとつの地域に端を発する場合もあれば、世界各地を発生源とする場合もある。これらの影響がおよぶ範囲は、世界中とでもいえるほどに広がることが多い。そしてまた、複数の地域における数多くの原因が相互に複合的に絡み合い、世界中に広がっていく。したがって、いわば人類すべてが加害者であり、そして被害者もまたわれわれ全員であると言い換えられる場合が多い。地球環境問題は、地域を越え国境を越えて、思いもよらない場所に思いもよらない効果や影響をもたらすのである。

世界各国の政府も地球環境問題の重要性に気づき、解決に向けた取り組みを始めた。経済協力開発機構(ＯＥＣＤ)や世界保健機構(ＷＨＯ)、国連環境計画(ＵＮＥＰ)などの国際組織もそれぞれの立場で活動するとともに、各国政府の肝いりで気候変化に関する政府間パネル(ＩＰＣＣ：Intergovern-mental Panel on Climate Change)という組織を立ち上げ、温暖化に関する科学的知見、温暖化の影響評価、温暖化への対応という三つの作業部会を組織するにいたった。同パネルは一九九〇年の第一次報告を皮切りに、一九九五年、二〇〇一年それぞれに各作業部会の報告書を出版した。第四次報告書が二〇〇七年に出されたことはまだ記憶に新しいところである。同パネルは、二〇一三年九月に最新の評価結果をまとめて、第五次報告書を出したところである。その中で、「地球温暖化の原因が人間の活動である可能性が極めて高い」と、従来以上に踏み込んだ表現になっている。また、海面上昇量の予測が、極地方にあるグリーンランド氷床や南極氷床の動力学的な変化にともない、以前よりも大きな値に修正されている。今後の予測はシナリオによって異なるが、最も大きい場合には、一八世紀と比べて二十一世紀末には一メートル以上もの上昇があると見込んでいる。

「不都合な真実（An Inconvenient Truth）」というタイトルの映画製作によって地球温暖化問題に対して人々の注意を喚起したアル・ゴア元アメリカ副大統領とともに、「人の手による気候の変化についての知識を広め、その変化を止めるための対策を講じる礎を築いた」功績により、ＩＰＣＣは二〇〇七年にノーベル平和賞を受賞している。

わが国でも、一九九〇年には環境庁が所掌していた公害研究所を環境研究所へと名称変更して、研究対象の主軸を公害問題から地球環境問題へとシフトさせたのである。さらに二〇〇一年には親組織である環境庁を環境省へと格上げした。また、一九九七年に京都で開かれた気候変動枠組条約第三回締約国会議（ＣＯＰ３）においては、日本は議長国として温室効果気体の排出規制として画期的な京都議定書を取りまとめ、温暖化対策の国際的取り組みに関する枠組みを実現させるに至った。京都議定書は、その後アメリカの撤退はあったものの、参加各国のうちの有効数に達する国々の議会で批准され、二〇〇五年二月に正式発効した。しかしその後は、わが国もこの枠組みから撤退したし、二〇一〇年にメキシコで開催された第十六回気候変動枠組条約締約国会議（ＣＯＰ16）においても、今後の方向性は打ち出されたものの、具体的に拘束力を持った排出規制に関する議定書の締結には至らなかったことなどは、皆さんご存じの通りである。

総合地球環境学研究所

上記の動きと相前後して日本政府では、地球環境問題への取り組みの中核となる文部省直轄の研究機関の創設が検討されていた。一九九五年に学術審議会は「地球環境科学の推進について」という建議を取りまとめた。その中で「地球環境問題の解決を目指す総合的な共同研究を推進する中核的研究機関を設立することを検討する必要がある」ことを指摘した。この建議を受けて当時の文部省では、研究組織体制のあり方の検討や中核的研究機関の創設に向けた調査協力者会議の設置など、具体化に向けた予算化を実現し始めた。一九九八年には地球環境科学研究所(仮称)の準備調査委員会および準備調査室を組織して準備調査に着手した。引き続いて二〇〇〇年には総合地球環境学研究所(仮称)の創設調査委員会および創設調査室を設置してその実現を図ったのである。

これらの調査作業の過程で、この中核的研究所の構想にはさまざまな紆余曲折があった。誤解を恐れずにいえば、初期は、たとえば今後の温暖化予測あるいは温暖化影響評価や対策立案に直接貢献するような研究をおこなう研究所というイメージが強かった。

問題になっている温暖化は、人間が産業革命以来使い続けてきた化石燃料の燃焼によって温室効果気体と呼ばれる二酸化炭素やメタンなどの大気中の濃度が増加して、地球全体が一種の温室にすっぽりと入ったような状況になってきたことが原因だと考えられている。したがって、人間による温室効果気体の排出が現状の割合でこのまま進行すれば、いつ頃にはどのくらい気温は上昇するか、そのことが現実に起きたとすれば、どのような影響が世界のそれぞれの地域で生じるのか、そしてその被害を食い止めるための対策は何か、などということをあらかじめ研究しておかなくてはいけない、というわけである。

しかしこれらの研究は、先に述べた環境省の環境研究所を筆頭として多くの研究機関や大学などで既に開始されていた。新たな研究機関を創設する意義はどこにあるのか。繰り返される議論の中で出てきたのは、当時、その必要性が急速に叫ばれて実施に移されている前述の研究だけでは地球環境問題の解決につながらないのではないか、という疑問であった。そもそも新たに研究所を創る意義は、現在起きている問題への対応というよりは、もっと根本的なところにあるのではないか。たとえば、地球環境問題とよばれる問題はいったい何故どうして生じてきたのか、というような問題を考えるべきではないか、などの議論が上記委員会や調査室の中で熱心に繰り返された。

後に総合地球環境学研究所に赴任してきた内山純蔵さんのいい方に従えば、最近、地球環境問題とよばれる怪物が世界各地に出現しはじめた、ともいえよう。東京湾も例外ではない。今にも上陸しそうである。上陸すれば日本の首都である東京は壊滅するかもしれない。急ぎ首都防衛隊を送り、怪物を撃退しなければならない。防衛隊は怪物の実態を調べ、その弱点を見出し、そこを突くべき武器の開発をおこない、最終的には怪物を攻撃する必要がある。怪物の撃退を目指すこれら防衛隊の活動が、地球環境問題と取り組んでいる既存の研究ということにでもなろうか。

これに対して、いったいこの怪物はいつ頃生まれたのだろうか、どこで生まれたのだろうか、なぜ生まれただろうか、ということを調べる必要があるのではないか、というわけである。このことを明らかにしない限り、第二第三の怪物の誕生を阻止できないのではなかろうか。ひょっとすると、地球環境問題という怪物は、じつは大昔から世の中に存在していたのかもしれない。わが国の場合でも、たまたま東京湾に現れたのが最近なのかもしれない。もしそうならば、いったいなぜ今になって東京湾に来たのだろうか。その生まれ故郷では今でも次々に怪物が生まれているのだろうか。こういう研究をすることによって、はじめて地球環境問題の根本的解決につながる知恵が得られるのではないか、と考えられたのである。

このような議論の中で、「科学」とは何かということにも相当の時間が割かれた。このことは、研究所の名称の候補が、当初は「地球環境科学研究所」であったのに対して、最終的には「総合地球環境学研究所」になったことにも反映されている。

今日の人類の繁栄は「科学的知見」およびそれを土台とした「技術」の発展に支えられていることは間違いなかろう。しかし地球環境問題は、科学・技術の発展そのものが、その原因の一端を担っている可能性もなきにしもあらずである。そしてその科学・技術を発展させてきたのは人間そのものなのだ。

温暖化問題を例にとっても、温室効果気体をどれだけ排出しているかということだけではなく、なぜそれだけの排出をおこなうのか、そしてそれだけの排出をおこなう必要があるのか、という問題を避けては通れない。人間社会の経済活動を含めて考える必要があるということである。しかし、人間が何かを判断あるいは選択するときに単に経済だけで考えるわけではない。好みの問題もあろうし、一種の道徳律や倫理観に規定される場合もある。つまりこれらのことは、人間が持つ価値観の問題にも踏み込まざるを得ないということに他ならない。地球研の初代所長であった故日髙敏隆さんの言葉を借りれば、「地球環境問題の根源は、自然に挑み、支配しようとしてきた人間の生き方、いいかえれば、ことばの最も広い意味における人間の『文化』の問題である」可能性が高いのである。ことばの最も広い意味とはいえ、文化の問題を考えることが「科学」だけでできるとは思えない。こうして、研究所の名称から「科学」の字が消えた。

そもそも地球環境問題とは、自然と人間との相互作用に関わっている。自然の中で人はどう生き、人は自然の恵みをどのように活かしてきたのか、そして、活かしているのか。自然にどんな働きかけをしてきたのか、しているのか。そしてその結果として自然はどのように変化してきたのか、しているのか。その変化を人はどのように取り込んできたのか等々。いわば人の自然との関わり方、相互作用環とでもいうべきものが、今日いうところの地球環境問題と根本的なところでつながっているのではなかろうか、ということである。

そうなると、このような「人と自然との相互作用環を解明すること」が創設される研究所の主要課題となる。そしてその成果は地球環境学ともいうべき学問の創出につながるのではないか、と考えられたのである。こうして、研究所の名称として「総合地球環境学研究所」が採択されたのであった。

二〇〇一年四月、総合地球環境学研究所(略称：地球研)が京都に設置された。設置目的の第一に掲げられたのは、「地球環境問題の本質把握に不可欠な、『人間と自然系の相互作用環』の解明をおこなう」ということであった。しかしその名称だけからは、縷々述べてきた設置の目的はわかりづらい。そこで研究所の英語名称として「Research Institute for Humanity and Nature(略称：ＲＩＨＮ)」を採用した。人と自然とのかかわりを調べる研究所だ、ということをいくらかは表現したつもりである。

この英語名称を単純に見ると、人と自然とが対置的に認識されているという印象を与える。つまり、自然を客体化し、人間とは一線を画しているようにも感じられるからである。ある意味では、このことは、先に述べた「自然に挑み、支配しようとしてきた人間の生き方」と通じるものがある。しかし、解決を目指している「地球環境問題」の「環境」が、だれにとってでもない、人にとっての環境である以上、人と自然とが対置的であるのは避けられないのではなかろうか。

「人間と自然系との相互作用環を調べる」とはいっても容易なことではない。従来の何々学、何々学だけではいかんともしがたいということだけは確かなようだ。人と自然とのかかわりには、ほとんどすべてといってもいいほどの学問分野が関係しそうだからである。したがって、直感的に考えても数千人規模の研究者群が最低必要となろう。

当時の日本政府の財政事情からいっても、こんなに大規模な研究所の創設はそもそも無理である。一九九〇年代のバブル経済の崩壊によって、国の財政状態も悪化の一途をたどっていた頃であった。そこで考えられたのが、既存の大学やその他の研究機関で活躍している研究者を地球研の活動にうまく取り込むことによってこの問題を解決しようというやり方であった。従って、地球研は大学共同利用機関のひとつとして創設された。

こうして地球研では、人文・社会系諸学から自然科学にわたる学問分野を総合化し、国内外の大学、研究機関とネットワークを結び、総合的な研究プロジェクトを推進するという方式を採用することとなった。そして、人間と自然系との相互作用環の解明をとおして、地球環境問題の克服につながる「未来可能性」を実現する道筋の探求に関する研究をおこない、研究の成果を広く発信することにより、地球環境学とでもいうべき学問の基盤形成を目指して歩み始めたのである。

蛇足ではあるが、二〇〇四年に国立大学が一斉に法人化された。全国にあった大学共同利用機関も、複数の機関がタッグを組んでグループをつくり、四つの大学共同利用機関法人に再編されることとなった。その過程で、地球研は他のどの大学共同利用機関と一緒になるべきかという検討がおこなわれた。最終的には、国立歴史民俗博物館、国文学研究資料館、国際日本文化研究センター、国立民族学博物館とともに、大学共同利用機関法人「人間文化研究機構」の構成メンバーになることとなった(二〇〇九年一〇月には国立国語研究所が人間文化研究機構の一員に入って、一五年現在、同機構は都合六つの大学共同利用機関を設置している)。地球環境問題を人間文化の問題であると捉える地球研としては、当然の選択であった。

地球環境学と歴史学

地球環境学は、人と自然とのかかわりを調べるところからスタートする。ということは、いままでの歴史の中で人が自然とどのように付き合ってきたかということを調べることが、その主要なテーマのひとつになることは間違いない。主要テーマのひとつというよりは、最も重要なアプローチとなろう。

もちろん、人がどのように自然と付き合っているかという現状を調べることも不可欠である。しかし、どのように付き合うべきかを考えるとき、どのように付き合った結果どうなったのか、ということを知る以外に、どう付き合えばよいかという知恵は生まれないのではなかろうか。現在どのように付き合っているかを知るということは、歴史的変遷を踏まえたうえで、今後の付き合い方を考えるためにこそ必要なのである。歴史的な認識なしに今を知っても、今後どうすればよいかという考え方が得られるとは思えない。

もちろん、人類の歴史を含めて、地球という惑星の過去の変遷過程はひとつである。特殊な一定の条件を設定しておこなう科学実験と異なり、まったく同じ状況で、まったく同じ道筋をたどった経緯が複数回あったとは思えない。つまり同じことが同じように生じたことはなかったといってよかろう。したがって、ある変化を調べてその変化原理のようなものを抽出したとしても、そのことを検証するすべはないことになる。とはいえ、過去の変遷過程とその因果関係を知ること以外に、今の問題に対処する道を選択する基準は得られないといえよう。

このことは、歴史学が担っている責務と共通しているように思える。われわれはなぜ歴史を学ぶのか。それは今の問題を考え、より良い解決策を探るためには、過去にどのようなことが生じたときに人間はどのように対処してきたのか、そしてその結果はどうだったのか、ということを知るほかに道はないからに違いない。つまり、歴史学は今の問題に対処するための知恵を得るためにこそ、その存在意義がある。

しかし今のいわゆる歴史学は三つの問題を抱えているように思われる。そのひとつは、過去の自然環境の変化過程やその変化と人とのかかわりの変遷にはいわば目をつぶってきたように感じられる点である。人がその歩んできた道筋の中で、自然との付き合いは避けられなかったはずである。科学・技術がかくも発達した現代においてさえ、人々の生活には自然の猛威による被害が後を絶たない。瑞穂の国と呼ばれるわが国においても、天候不順のために国内の米の生産がダメージを受け、タイ産の米などを大量に緊急輸入したことなどもまだ記憶にある。二〇一一年三月十一日の東日本大震災は、記憶に新しいどころか、被災地の復興はまだ道半ばである。いや、始まったばかりといわざるを得まい。ましてや、古の時代には今以上に自然変化の影響を強く受けていたはずである。その様子を認識することなしに、人の歴史が果たしてわかるのだろうか。

もちろん当時の人々を取り巻く自然環境のイメージ、ひいては自然環境と人とのかかわりを明らかにしてきた歴史学の成果もある。しかしそれらの成果は極めて限定的といわざるを得ない。そのひとつの理由は、従来の歴史学がいわば文書研究が中心であったからではなかろうか。歴史文書に記載されていない限り、このことを知るための情報源がほとんどないからである。

最近は、たとえば考古的な文物などに関する科学的な年代測定を導入することによって、歴史学も新たな展開を見せ始めている。しかしわずかに文物の年代測定というジャンルだけが突出しているように見えるのはわたしの偏見だろうか。歴史文書にある情報の解読・解析という方法論にとらわれ、それ以外の手段による情報の収集、新たな知見の獲得に目をつぶってきたのではないかということである。つまりこのことが、いわゆる歴史学が抱える第二の問題点であるように感じる。

歴史学とは本来、今までたどってきた人間の歴史を明らかにすることであるはずである。明らかにするための手段の一つが、歴史文書に眠っている情報を利用するという特定のやり方であるに過ぎない。得られるそれ以外の情報を総動員して総合化することによって、最も確からしい人間の歴史を復元するべきなのだ。つまり歴史学とはもともと総合学問であって、文書読みが独占するべきではなかろう。文書情報を読むということは、古の文字を解読し、その意味を理解するというひとつの技術に過ぎないのである。考古文物の炭素化合物の放射線量を測定し、炭素年代と歴史年代とを照合することによって、そのものの歴史年代を特定する技術と基本的には同じことである。

国立歴史民俗博物館（略称：歴博）の初代館長であった井上光貞さんは、歴博を創設した四半世紀以上前に、似かよった趣旨のことを述べている。つまり「歴博の目指す歴史の実体は、狭い意味の、すなわちもっぱら文献による歴史ではなくて、考古・民俗の両部門によって補完されるような性質の、すなわち広義の歴史学の調査・研究」をやる必要があるという。続けて井上さんは「このような歴史学は、おそらく歴史学の本来の精神にかなうものであろうが、じっさいには、必ずしもそうなっていなかった。それはなぜかというと、歴史学はともすれば、その本領ともいうべき文献研究の内部にとじこまってしまって、文献的研究を補完すべき有形・無形の文化財、たとえば考古学上の遺跡や遺物、民俗学上の習俗や民具などをあわせかえりみることをおこたってきたからである。しかしそれは本来の学問のあり方にそむくうえに、近来の学問の環境は、歴史学がその本来の精神にたちかえることを強く要望しているといってよいのではなかろうか」と述べる。文献一本でやってきた歴史学は、「歴史学の本来の姿からみても偏向」であると断罪するのである。

もっとも、当時の歴史学の碩学であった井上さんのこの言説も、人の歴史を明らかにするのが歴史学という立場であり、自然環境をも含めた意味で、人と自然とのかかわりの歴史という視点は含まれていない。しかし、歴史学を総合学問と位置付ける視座にあることは間違いない。狭義の歴史学（わたしは「いわゆる歴史学」という言葉を使ってきた）に加えて、考古学的並びに民俗学的手段による情報を総合して広義の歴史学として再構築すべきだとの主張である。

自分の専門分野の「内部にとじこまってしまって」それ以外の分野を「あわせかえりみること」をおこたってきた」のは歴史学に限らない。一般に研究者と呼ばれる人たちは、自らが会得した方法論以外の手段を自らが持たないがゆえに、それ以外の学問分野の成果あるいは手段に関しては、いわば素人である。自らが専門とする分野以外の情報を、手段やその進歩も含めて、詳しく把握し続けるのは、スーパーマンといえども、個人としての能力を超えるといわざるを得ない。

したがって、物事を（この場合は人の歴史的変遷を）総合的に理解するためには、複数の研究者の協働によるシステム的な研究による他はない。多くの学問を結集した総合研究が求められるゆえんである。

とはいえ、歴史文書のもつ情報は膨大である。それらの情報を抱える人々が歴史学の中心になるのは当然である。要は、文書情報以外にも広く目を開き、得ることができる情報を積極的に集め、それらを総合して歴史的過程を考えるという態度であろう。そうすることによって、従来知識が得られ難かった古の自然環境および人と環境との相互作用をも含めて、人が歩んできた道程を振り返ることができよう。

そして第三の問題は、今の問題を考えるために過去を知るのが歴史学であるという根本を忘れている専門家が多いことであろう。これは、歴史学が抱える問題というよりも、すべての学問についていえるだろうし、いまさら言う必要があることではないかもしれない。このことは、今までも多くの識者が指摘してきているし、いわば言い古されてきたことのような気もする。しかし、歴史学があらゆる情報を総合化して今の問題と取り組む知恵を得ようとする限り、他の学問分野以上に、このことを肝に銘じておく必要があろう。そして、人も自然も含んで地球環境問題の解決に向けた知恵を得ようとする地球環境学もまた然りである。

このように考えてくると、人と自然との相互作用環を明らかにしようという地球環境学と歴史学との区別がつかなくなってくる。いわば地球環境学とは、人と自然との相互作用環に特に着目した本来の歴史学の一部ということになるのかもしれない。人間の社会活動やシステム、あるいは宗教や哲学など人間活動のほんの一部だけを対象としてきた狭い意味での歴史学の一部と対置しての意味である。もっともここでいう歴史学とは、本来あるべき歴史学であって、狭い領域をカバーするだけのいわゆる歴史学ではない。従来の歴史学にいる人の中にも、本来の歴史学を目指している人もいる。

言葉の問題だが、逆に、歴史学は地球環境学の一部を構成するという言い方もできるのではなかろうか。地球環境学がカバーしているひとつの研究対象である、人は今、自然とどのように付き合っているかという現状研究あるいは変化の素過程について調べるということは、歴史学と並立している、たとえば政治学、法学、経済学、人類学などの諸学の研究対象とのアナロジーになるからである。

今まで述べてきたことをまとめると以下のようにいえるかもしれない。地球環境学とは、人は自然と今までどのように付き合ってきたのかという歴史的起結を明らかにし、人が自然とどのように付き合っているのかという現状を知り、歴史的経験と照らし合わせて、今後どのように付き合えばよいかという知恵を得るための学問とでもいえばよいだろうか。

第二章　気候が歴史を決めたのか

崑崙の大草原

わたしがそれをみたのは一九八五年の夏であった。タクラマカン沙漠の南西部のオアシス都市である葉城（イエーチェン。かつてはカルガリークとも呼ばれていた）から、その東南側に聳え立つ崑崙山脈に偵察旅行をおこなったときのことである。

沙漠は乾燥地である。一面に茶褐色の世界が広がっている。これに対して、沙漠の中に点在するオアシスは、例外的に豊かな植生に覆われた緑豊かな世界である。中国語ではオアシスのことを緑州という。緑のオアシスのひとつである葉城を出発しても、一歩オアシスの外に出れば、そこには生物の息吹を感じることができない荒涼たる世界が広がっている。ひたすら茶褐色である。乾燥色に彩られた新疆と西蔵（チベット）とを結ぶ公路に沿って、ジープはあえぎつつ、右に左にとくねくね曲がりながら崑崙山を目指して登っていった。

葉城を発っておよそ二日。谷底から這い上がったジープの前で突然視界が開けた。目の前に広々とした台地が広がっている。チベット高原の高みにたどり着いたのである。高度計を見ると、いつの間にか四〇〇〇メートルにも達している。視界こそ広がったものの、相変わらず褐色の世界である。よくみるとまだらに白い。褐色の地面のあちらこちらが白く変色しているのだ。塩である。

ここで新疆と西蔵（チベット）とを結ぶ公路をはずれ、大きく東に曲がる。道なき道を進む。アクサイチン湖のほとりを過ぎ、さらに東に向かって標高を上げつつ崑崙山脈の奥へと分け入るのである。軽い高山病の症状か、ボーっとした頭でわたしは車に揺られていた。前方を見るでもなくただ車のゆれに身を任せていたわたしの目に、突然、見飽きた褐色とは違う色合いが飛び込んできた。黄緑からどちらかといえば黄色に近い色が一面に塗られた平らな地面が迫ってくる。近づくにつれてその台地はどんどん目の前に広がり、やがてはっきりとしてきた。大草原である。大地の表面には一〇センチから二〇センチほどの高さの草がびっしりと生い茂っている。様々な花も咲いている。

草や花があるだけではない。長さ数十センチの長い角を持った、背丈が五〇センチ程の動物を見つけた。後で聞くと、チルーという羊の仲間だという。不思議なもので、一頭見つけると、あちらこちらにチルーが遊んでいるのに気がつく。久しぶりに感じる生命の息吹。朦朧としていた気分が吹っ飛んだ。車窓に目を凝らす。しばらく進むと今度は馬のような動物を見つけた。ノロバと呼ばれるロバの一種だとのこと。数頭のノロバがかけっこをして遊んでいる。

こんどは遠くに黒い斑点を見つけた。なんだろう、と近づく。なんと真っ黒い毛に覆われたヤクである。その巨体は、通常の牛の二倍は優に超えるであろう。野生のヤクを見たはじめての瞬間であった。ジープで追いかけるとどんどん逃げる。ジープのほうが幾分スピードは速く、次第にヤクとの距離が縮まっていく。二〇メートルほどにまで近づいただろうか。と、逃げていたヤクが逃げるのをやめて突然止まった。くるりとこちらに向きを変えた。ぐっと頭を下げたかと思うと、ジープに向かって突進してくるではないか。あの巨体でぶつかられては、われわれの乗った中国産の北京ジープなんぞは簡単にひっくり返されるかもしれない。あるいは、あの角がジープの横腹に突き当たれば、ジープの鉄板くらい簡単に突き破るかもしれない。あわてて今度はこっちが逃げる番である。

ある程度以上距離が離れると、ヤクはこちらへの突進をやめて再び逃げ始めた。それをまた追いかける。逃げられないと感じると、ヤクは再び戦闘体制にはいる。こちらが逃げる。久しぶりに感じる命の営みに気持ちが高ぶり、一種の幸福感を感じていたのだと思う。ヤクには悪いが、このようなことを四〜五回も繰り返して遊んだのだった。

崑崙山脈の山懐に広がる大草原。野生動物の楽園。ウサギもいれば幾種もの鳥もいた。不毛の沙漠の脇にそびえる山の高みには、まさに生命にあふれる世界が広がっていたのである。

奥深い山懐にある大草原を支えているのは豊かな降水に他ならない。中央ユーラシアの乾燥地帯といえども、標高の増加とともに降水量は増加する。海抜一〇〇〇メートル程度のタクラマカン沙漠やその周囲では年間降水量は高々一〇〇ミリ前後である。しかし現地での夏季の観測をもとにすると、崑崙山脈の山中では、年間当たり三〇〇ミリ以上であろうと考えられている。また、西崑崙山脈にある崇測氷河で採取した氷コアの解析でも、標高五〇〇〇メートル以上にもなれば、年間降水量は五〇〇ミリにも達すると推定される。

大地に吸い込まれて消える河

わたしが生まれて初めて、大地に消えてしまう河を見たのもこのときだった。

わが国では、河川のほとんどすべては最終的に海に流れ込む。信濃川、利根川などのわが国を代表する大河川もそうだし、近畿地方で言えば、京都を流れる鴨川の場合もそうである。愛知川や野洲川などの場合には琵琶湖という湖に流れ込む。しかし琵琶湖の水は、さらに、勢田川、宇治川、淀川と名前を変えつつ、最終的には海である大阪湾に流れ込むのである。

これに対して、ユーラシア大陸中央部に広がる乾燥・半乾燥地帯を流れる河は、海まで届かずに、その途中で消えてしまうものが多い。内陸河川と呼ばれる。中国最大の内陸河川であるタリム河の場合には、世界第二の高さを誇るＫ２峰に発し、北に流れてタクラマカン沙漠の西南端に達し、そこから沙漠の西北部半分を時計回りに回り込んで東北端で消える。さまよえる湖とし

図２　崑崙山脈で目にした河の末端

て有名になったロプ・ノール湖にかつては流れ込んでいたとのこと。しかし琵琶湖と違ってその湖からの出口はない。湖に流れ込んだ水はひたすら湖面からの蒸発で失われるのである。今はその湖も消え去ってしまっているという。

ユーラシアの中央部を流れる河の多くが内陸河川であることはわかっていた。しかし河が消えるまさにその場所を見ることはなかった。図2に示したのは、一九八五年に中国西部の崑崙山脈の山中でわたしが目にした河の末端である。

こうしてできた河の末端は、上流から流れてくる水の量が増えれば前進する。減少すれば後退する。事実、大地に吸い込まれるように消えていたその河の末端は、いっとき幾分前進したときもあったが、目の前でどんどん後退していった。六時間の間におよそ五〇メートルもその位置を上流側へと移したのだった。急遽、河を流れる水の量や表面からの蒸発速度を計りつつ末端の位置の時間経過を記録する。同時に河の末端近くと比較的上流とで採水を行なった。

採水した水サンプルは日本に持ち帰り、後にその電気伝導度と水に含まれる酸素や水素の安定同位体濃度とを分析した。これら分析結果と現地でおこなった流量や蒸発の観測結果とを合わせて解析したところ、確かに、流れてきた河の水は、大気への蒸発と地面への浸み込みによって失われていたことを、量的にも確定することができたのである。

つまり、乾燥地の河川では、流れの途中で、河の水の一部は大気へと蒸発し、一部は地面の下に浸み込んで失われるのである。したがって、乾燥地帯を流れる河は一般的に下流に行くにつれてその流れは小さく細くなっていく。そして、蒸発や浸み込みによって失われる水の量と、上流から流れてくる水の量とが等しくなる地点で、河は消えてしまう。そこに河の末端が形成されるのである。そこから下流側には、もはや水は流れていかないのだ。

一九九〇年代の終わりころ、黄河が断流したと騒がれたことがあったが、基本的には同じ原理である。黄河は、通常は渤海湾という海に流れ込んでいる。しかしその年には黄河が海まで到達する前にその末端ができてしまい、それよりも下流には水が流れていかなくなったことに他ならない。海にたどり着くことができなかったのである。もっとも黄河の場合には、蒸発や浸み込みによって水が失われるだけではなく、人為的な取水などによって水が失われる効果が大きい。

氷河変動がもたらすオアシス都市の盛衰

タクラマカン沙漠に向かって流れ込む大小の河川の分布を概念的に示したのが図3である。ほとんどの河川は、北は天山山脈、南は崑崙山脈から流れ出している。河の源は基本的に高山にあることに他ならない。前述した崑崙の大草原に代表されるように、標高が高い場所ほど降水量が多いからである。さらに、標高が五〇〇〇メートルを超える天山山脈や崑崙山脈の山中には多数の氷河がある。降水に加えて、その氷河の融け水も河川を潤しているに違いない。

氷河の融け水が河川水量のどのくらいを占めているのかを、崑崙山脈から流れ出ている玉龍喀什(ユルンカシュ)河と克里雅(ケリヤ)河について福井工業大学の宇治橋さんたちが調べた結果を図4に示した。年によって変動はあるものの、河川流量のおおよそ半分くらいが氷河融解水であることがわかる。

河川の分布状態に加えて、図3には、今も多くの人々が暮らしているオアシス都市と、今は廃墟となり、遺跡として発見されたかつてのオアシス都市の位置を同時に示してある。

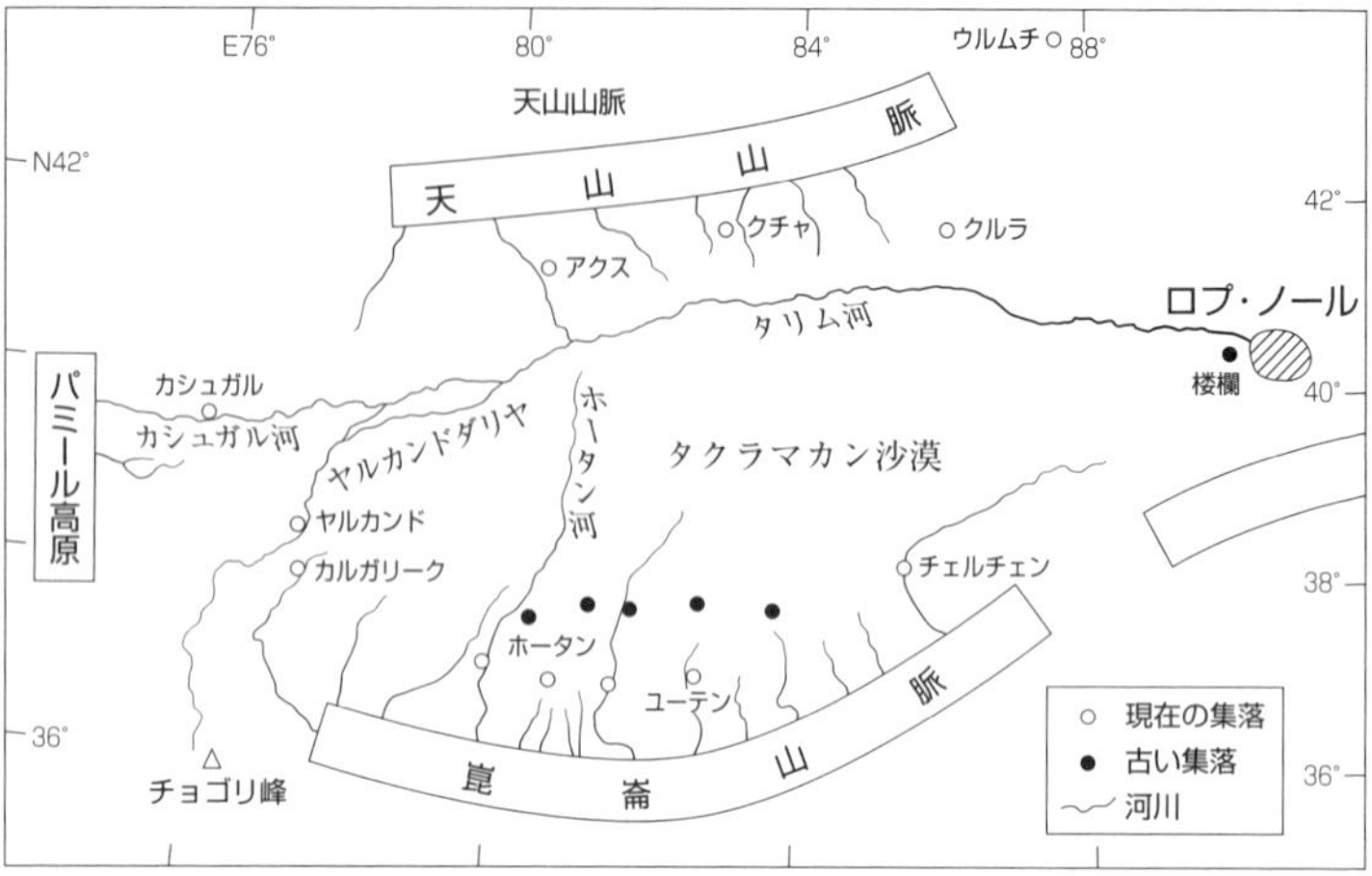

図３　タクラマカン沙漠およびその周辺の河川とオアシス都市の分布概念図（中尾, 1986）

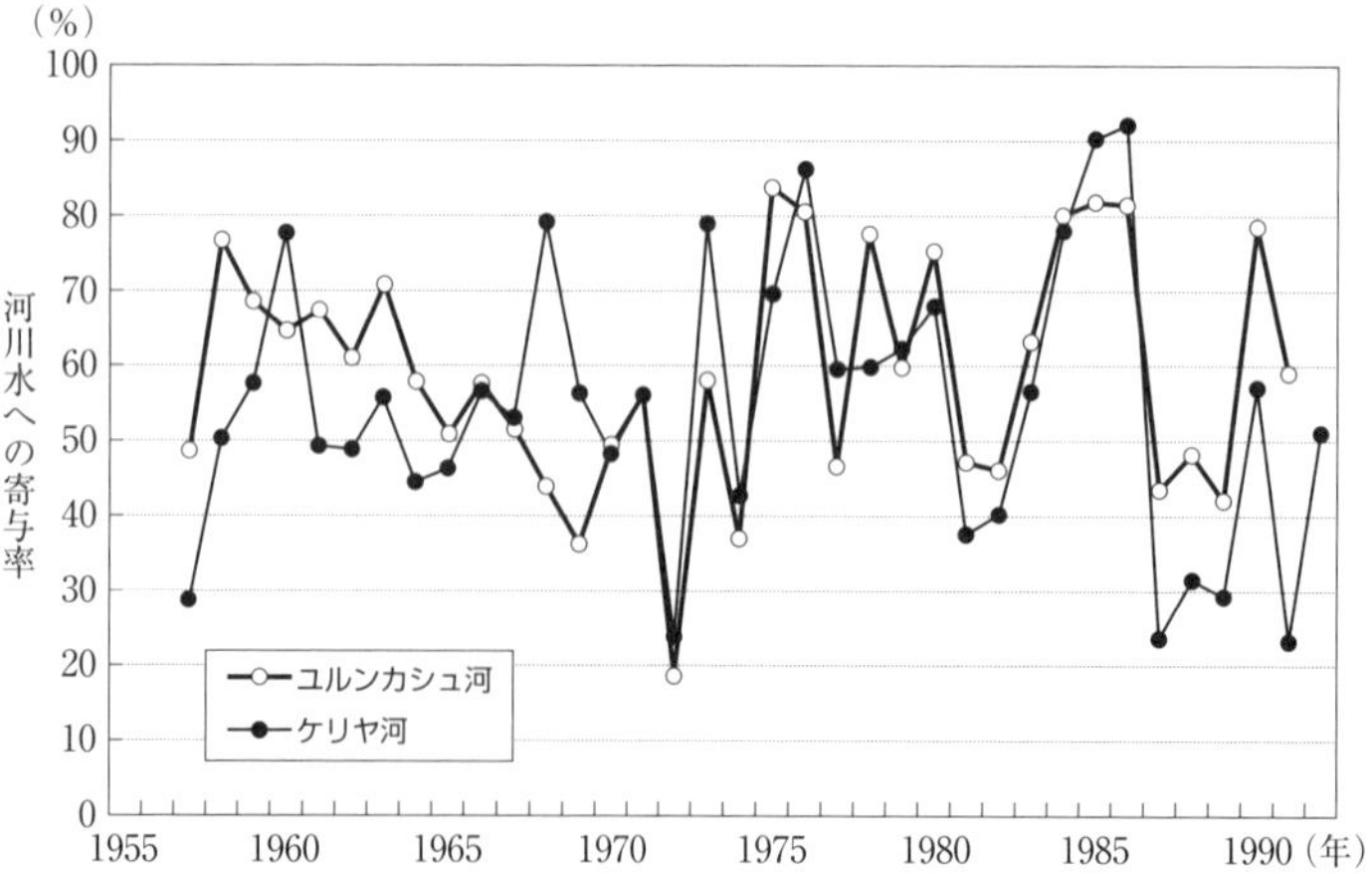

図４　河川流量に占める氷河融解水の割合（Ujihashi and Kodera, 2000）

タクラマカン沙漠の北側では、天山に発する河川が南流してタリム河に合流している。そこでは、かつてのオアシス都市が存在していた所と、現在も人が住んでいるオアシス都市の位置はほとんど同じである。これに対して、崑崙山脈にその源を持ちタクラマカン沙漠へと北流する河川のほとんどは、沙漠の中で消えてしまう。そして、かつてのオアシス都市は、河が消える場所よりさらに北方、沙漠の中に発見されているのだ。現在のオアシス都市は、遺跡が発見された場所よりも南側、つまり上流側に位置している。どうしてこれらオアシス都市の位置は今と昔とで異なるのだろうか。

まず考えられることは、現在はまったく水を見ることができない沙漠の中に眠るダンダン・ウイリクやニヤなどの都市が栄えていた当時は、崑崙山脈から北流する河の流量が多く、これらの場所にまで河川の水が達していたのではないかということである。それが時代の経過につれてその河の末端が上流側へと移動(後退)してしまい、その場所には、今はまったく水が来なくなったと考えることができる。

崑崙山脈から北に向かって流れる河川は、沙漠の中にしみこんで消えてしまう河ばかりである。唯一の例外として、沙漠を南北に横断してタリム河に合流する(時としてタリム河まで達しないこともあるが)ホータン河があるだけである。沙漠の中にあるかつてのオアシス都市に達していたと思われる河川も例外ではない。一九八五年にわたしが崑崙の山の中で見た、河の末端が次第に上流側へと移動(後退)していった現象と基本的には同じことである。一九〇六年に前述の遺跡を発見したイギリスの探検家オーレル・スタインもそう考えていたようである。

では河の流量が減少した原因は何なのだろうか。ひとつには、問題の河の上流や中流沿いに住む人々による水の使用量が、時代によって変化したためではないかと考えることができる。つまり、前節の最後に黄河の断流で触れたように、人為的な要因が大きいと考える考え方である。

これに対して、気候変動によって河川水量が時代とともに減少したのではないかという考えも成り立つ。降水量が時代とともに減少したと考えれば直接的でわかりやすい。しかし降水量の変化ではなく、河川流量の変動はいわゆる気温の変化を原因とする氷河の消長が主要因ではないかという考え方もある。どちらの場合も、河川水量の減少を自然変動が主たる要因だと考えるのである。

とくに最後に述べた、気温変化が雪線高度ひいては氷河規模の変化を招き、結果として河川流量の変化を引き起こした、という後述する考え方は、崑崙山脈から北流してタクラマカン沙漠に消える河川にとっては魅力的な仮説である。崑崙山脈から流れ出る河川では、河川水に占める氷河融解水の割合が極めて大きいからである(図4)。

東京都立大学におられた保柳睦美さんは、種々の歴史文書を参考にして時代ごとの河川流量の変化の復元を試みた。参照したのは中国に残る古地図(欽定皇輿西域図志)や古の旅行者(法顕や玄

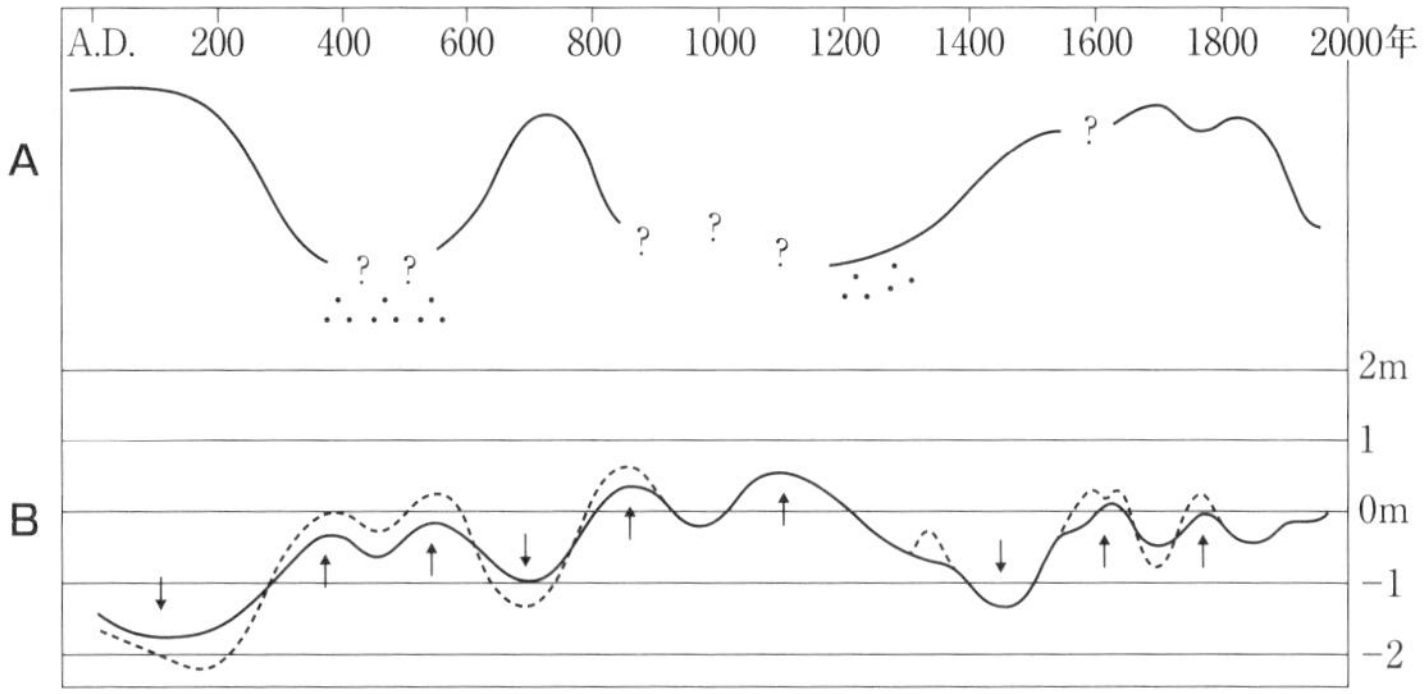

図５　A　西域南道地帯の河川の流水量変動の概略（保柳，1976）
∴は土地荒廃の記述
B　過去 2,000 年間の海面変動の傾向（保柳，1976）

奘三蔵、マルコ・ポーロなど）の旅行記、水経注などの古文書などのほか、史記や漢書、後漢書、三国志、晋書、魏書、北史、隋書、旧唐書、新唐書、宋史、明史などである。しかし東方に拠点を置いていた歴代の中華王朝の関心やその勢力がタクラマカン沙漠周辺まで達していた時期とそうでない時期とによって記録の精密さに大きな違いがある。文書記録としてはまったく空白である期間も多々ある。そのような場合には現在の甘粛省を中心とする河西回廊付近の情報も参照して利用している。

ともあれ、このような吟味をおこなった結果、前漢時代や唐代の一部、明代の一部、清代の大部分の時代には河川流量が大きく、それ以外の時代には流量が少なかったのではないかと推論し、その結果を図にしたのが図５のAである。

特に二十世紀前半になると、西域での河川流量の減少が目立ってきていることも指摘している。保柳さんは、その理由として人間活動にも言及してはいるが、氷河の縮小現象に端を発していることは疑いないと述べている。しかし氷河が縮小するということは、氷河の体積が減少したぶんだけ余分の水を河川に供給することになるので、河川流量は増加傾向になるはずである。たぶん、河川水に占める氷河融解水の寄与が減少するということと、河川流量の減少とを混同したためではないかと思われる。

図5Aに示した河川流量変動の復元図を海面の変動図(図5B)と比較してみた保柳さんは、比較的きれいな逆相関関係を見出した。つまり、海水位が高い時期には河川流量が少なく、海水位が低い時期には河川流量が多いという関係である。

最近の温暖化は氷河の縮小を促進し、その結果、世界の海水位が上昇することが危惧されている、というのは本書の冒頭にも述べたとおりである。すなわち、氷河が縮小しているときは海水位が高く、逆に氷河が拡大している時期には海水位が低い。したがって、図5が示しているのは、気候が温暖になれば氷河が縮小して河川流量は増加し、寒冷になれば氷河が拡大して河川流量が減少する、という関係である。つまり、気候変動によって河川流量が大きく影響を受け、そのために、沙漠の中に発見された廃墟となったオアシス都市まで水が届かなくなり、その都市は放棄されたのではないかというのが保柳さんの仮説である。

保柳説によれば、かつて崑崙山脈から流れ出る河が豊かな流量を誇っていた時代には現在は沙漠の真ん中に相当する場所にもとうとうと水が流れており、その地にオアシス都市が栄えていた。しかし自然的な気候変動が生じることによって河川流量が変化し、そのためにその場所にまで水が届かなくなり、その都市は放棄された、と考えるのである。簡単にいえば、気候変化が人の歴史に決定的な影響を与えた、あるいは気候が人の歴史を変えたということになろうか。一種の環境決定論といわれる考え方である。

もちろん上述の説明は仮説の域を出ない。根拠となっているのは、復元された河川流量の変化と海水位（氷河の規模、ひいては気温）の変化とが逆相関関係にあるということだけである。しかも、保柳さん自身が述べているように、河川流量の復元自身も貧弱な歴史資料だけに基づいたものであり、今後確かな検証が必要である。また、流量との相関を見出した気候に関するデータも、世界全体の氷河変動と連動すると考えられる海水位というものである。現地の気候が本当にそうであったかどうかはわからない。したがって、より直接的に、現地の気温変化や降水量変化を復元し、それらを基にして河川流量を量的に算定した上で検討することが必要であることは疑う余地がない。そうすることによって初めて、気候が人の歴史を決めたといえるであろう。

しかしながら、そもそも、河川の流量が減少すれば水が来なくなる可能性があるような場所に、なぜ初めにオアシス都市が形成されたのかが問題である。どのような社会・国際情勢がその都市の形成を促したのか。そして仮に気候変動が主原因だったとしても、その放棄を許したのか、あるいは放棄せざるを得なかったのか。そのことが人々の暮らしにどのような影響を与えたのか。また逆に、都市の放棄によって現地の人々の暮らしや水環境そのものもまたなんらかの影響を受けたはずである。それは何なのか。まさに、人と自然との相互作用を歴史の流れに沿って知る必要があるのではなかろうか。

第三章　天の山からの黒い水

異分野の研究者による協働

二〇〇一年に地球研が創設されたことによって、人と自然との相互作用の歴史を振り返り、現在われわれが直面している地球環境問題の解決に向けたヒントを得るための研究プロジェクトを実現することが現実味を帯びてきた。当然のことながら、当初から保柳仮説がわたしの頭にあった。つまりユーラシア大陸の中央に広がる乾燥地における気候変化を復元し、乾燥地で重要な山岳域からの河川流量の変化を明らかにし、オアシス都市の放棄を含めて河川流量の変化がもたらす人々の暮らしへの影響を評価することが目的であった。そして、気候変化が人の歴史を決めたのかどうかに関心があった。しかしそれだけではなく、気候に大きく影響された人間のリアクションが、引き続いて自然に対して、また人々の暮らしに対してどのように働いてきたか、などのいわゆる人間と自然との間の相互作用の繰り返しをも含めて明らかにしたいと考えた。

このようなプロジェクトを実施しようとすると、先に述べたように、歴史学者の協力は不可欠である。膨大な歴史学の研究成果の蓄積を有効に取り込むことはきわめて重要だからである。独自の文書情報の新たな取得も必要になるかもしれない。また、今住んでいる人たちの行動を決める伝統や価値観、考え方の現状についても知る必要がある。いわゆる文系と呼ばれる学問分野からの貢献が強く求められるのである。

同時に、過去の気候や環境の変化を復元するための年輪試料や氷試料、堆積物試料の解析研究を行う研究者も必要である。気候変化によって氷河はどのように変化するのか、ひいては河川の流量はどのように変わるのかなどいわゆる素過程も明らかにしなければならない。河川水を用いた灌漑農業がおこなわれているとすれば、その水の使われ方を調べるために農学の研究者も必要となる。どちらかといえば理系に属するこれらの研究者の協力も当然のことながら不可欠である。

それぞれの分野における優秀な研究者のうち、プロジェクトの狙いを理解したうえで、その意義に共感し協力してくれる人たちを探す、というのが次の大きなそして最も大切な仕事となった。

その頃まで雪や氷の研究に携わってきていたわたしにとって、雪氷学は無論だが、気象学、気候学、地理学、水文学などの分野はなじみがある。今までに共同研究を一緒に行ってきて気心の知れた人たちもいる。過去の人脈を頼り、その伝を頼りにそれぞれの分野で優秀な候補者を選ぶことができる。あとはその人たちを説得すればよいだけである。こうして、ヒマラヤなどの氷河調査を一緒にしてきた優秀な中堅、若手の研究者を中心として、理系と呼ばれる分野の研究者の組織化は比較的容易におこなうことができた。

しかし文系に属する研究者となると話は違った。どの研究者が優秀なのか、そしてそれ以上に、新しい取り組みに意義を感じてくれる人、つまり物事への取り組みがチャレンジングである人は誰かということを知らなければいけないのである。このプロジェクトひいては地球研が目指していた研究は従来の学問の枠をはみ出しており、保守的な研究者には一顧だにされないに違いないのだ。

まったく知らない世界で人を選ぶのはきわめて難しい。難しいだけではなく危険でもある。その世界を知らないだけに、間違ったボタンを押しても後戻りができないのだ。うかつな人に声をかけるわけにはいかない。特に自分が良く知らない研究分野では、はじめに押すボタンに相当する人にその後の人選を任せざるを得ない。その世界を知らないがゆえである。間違ったボタンを押せば場違いな人たちがその後も次々に出てくることになるからである。これは大問題であった。

このことは、地球研の創設にかかわり始めた一九九八年頃から頭を悩ませた。地球研が創設された暁には、先に述べたテーマ設定でプロジェクトを実施したいと考えていたからである。どのようにして最初に押すべきボタンを決めるのか。理系に属する学問分野にいたわたしにとって、文系と呼ばれる諸学の専門雑誌に掲載されている論文を読んでも、その意味さえ多分わからないだろう。ましてやその背景にある書き手のチャレンジ精神を感じ取れるとは思えない。しかも、たとえば歴史学の分野にしても、世の中にどのような専門雑誌があるかも知らないし、その世界における当該雑誌の位置づけなどの知識も皆無なのである。

結局、普通の書店の棚に並んでいる一般書を読みまくるほかはなかろうと考えた。幸い、いわゆる文系の学問に携わっている研究者たちは多数の一般書を刊行していることが多い。一般書を読んでその中から判断しても、最も望ましいボタンを探し落とすことはなかろうと考えたのである。わたしが文系の学問分野の出身者で、理系の人を探そうとしていたら、こうはいかなかったかもしれない。理系の研究者で一般書なるものをものする人は極めて少ない。したがって一般書だけを頼りに人選をすると、大魚を釣り落とす可能性が高いからである。

ともあれ普通の書店に並んでいる歴史本に目を通すのに二年近い時間をかけた。そしてついに『遊牧民から見た世界史』という本に出会ったのである。

読んでみて驚いた。歴史学のことはまったく知らないわたしではあった。それでも、こんなことを書いても大丈夫なのだろうか、書き手は歴史学の学会から排斥されないのだろうか、と感じる文章が随所に出てくる。わたし自身は判断のしようもないが、まさに古色蒼然たる歴史という学問分野への挑戦ともとれる一冊だと感じたのである。著者は京都大学文学研究科の杉山正明という人であった。この人しかいないと直感した瞬間であった。後に杉山というボタンを押した判断がまちがっていなかったと実感することになる。

共同研究とプロジェクト研究とは何が違うのか、と聞かれたことがある。どちらも(異なる分野出身である必要はないが)複数の研究者が共同しておこなう研究には違いない。しかし大きく違うのは、目的意識が異なるかどうかではないかと答えた。つまり、いわゆる共同研究の場合には、参加する人の目的意識が同じであるとは限らない。お互いに何らかのメリットがあれば、同じ目的ではなくとも共同研究として成立し得る。これに対してプロジェクト研究の場合は、ひとつの目的意識を共有していることが不可欠ではないかと考えたからである。

共通の目的を持つための最も簡便なやり方は、計画立案の段階から共同で事に当たるということであろう。もちろん出来上がった企画に後から参画するような場合でもうまくいくケースはある。しかし立案段階から一緒に作業をおこなえば、おのずと共通の目的が生まれやすいからである。企画に後から参加すると、往々にして、全体計画のうちの欠けている部分を補うという、どちらかといえば部分的な役割を期待されるためでもある。特に異分野の研究者の共同作業の場合にはそうなりがちである。そういう意味でも、プロジェクト立案の下地として、地球研の創設段階から杉山さんの協力を得ておくに如くはないと考えた。地球研創設の理念から共有したいと考えたからである。

とはいえ、一度も会ったことのない人である。地球研創設の想いを伝え、賛同してもらわなければならない。著書を読む限りチャレンジングな人であることは間違いない。しかし前章で縷々述べてきたような、いわゆる歴史学とは縁のないわたし自身の歴史学批判を展開したりしたら怒鳴られるかもしれない。彼の日ごろの考えは上記の著書からの推察に過ぎないのだ。彼の歴史学批判は単に筆の勢いで書いただけということもあるかもしれない。

ともあれ会って話してみる以外にない。そのためには会おうと思ってもらわなければならない。そう思ってもらえる説明を電話だけでできるだろうか。

ものごとの始まりとなる、初めての電話をかけたときが最も緊張していたことを今でも記憶している。二〇〇〇年の年頭の頃であった。会見の約束を何とか取り付け、数日後に彼の研究室を訪ねたのであった。その時のことは、後に出版された著書に杉山さん自身も書いている。わたしが極度に緊張していたこともすっかり見透かされていたようだ。

こうして、地球研創設後に予定されている、研究プロジェクトというものの制度設計などを検討する専門家会議に杉山さんに専門委員として出席してもらうことに成功した。その後、以下に述べるオアシスプロジェクトの立案にも、中心的な役割を果たしてもらうことになったことは言うまでもない。

異分野の研究者との出会いが、まったく違う形で生じるときもある。その典型が国立民族学博物館の小長谷有紀さんとの場合である。運命的としかいいようがない。

一九九八年度から、わたしは名古屋大学での勤務の傍ら、当時の文部省の学術調査官を併任していた。地球研の準備調査を手伝うためである。併任とはいえ、月曜から木曜までの四日間が東京の文部省勤務で、わずかに金曜以降だけが名古屋での大学勤務という時期もあった。当時わたしは名古屋大学で博士課程や修士課程の複数の大学院生を抱えていた。彼らに「わたしに会いたければ土曜か日曜日に大学に来い」といっていたことなどを思い出す。彼らが書いた論文の草稿の推敲はもっぱら新幹線の車内であった。

二〇〇〇年度になって、いよいよ地球研の創設調査という段階になるとともに、国立極地研究所の中に地球研創設調査室が設置され、そこに四名の定員（教官を配置することができるポスト）が措置された。その定員を使って、学術調査官との併任から創設調査室の室員との併任へと変更になった。ひっきょう学術調査官の職は辞することになる。そして後任の学術調査官になったのが小長谷さんだったのである。学術調査官としての彼女の主たる仕事は、引き続き地球研の創設調査の手伝いということであった。こうして、わたしにとっては、いったい何をする学問であるのかさえ定かでない文化人類学という学問を専門とする彼女と出会ったのである。出会っただけではなく、創設調査委員会に提出するための原案作りなどの事務局としての作業を共同でおこなうことになったのである。

こうして、文系の学問を専攻するキーパーソンを得ることができた。比較的わたしになじみのある理系諸学の研究者も含めて、プロジェクトを企画するための核となるメンバーが揃ったのだった。

オアシスプロジェクトの成立

プロジェクト立ち上げの第一回目の会合を開いたのは二〇〇一年のはじめ、地球研が創設される直前のことである。場所は、参加者の便を考えて、東京と京都の中間あたりで新幹線の駅からのアクセスが良いということで選んだ一軒の旅館であった。

プロジェクトの対象がユーラシア大陸中央に広がる乾燥・半乾燥地帯であることはみんな認識していた。先に述べたように、地球規模変動として生じる同地域の水資源の変動と人々の暮らしとのかかわりがどのように変化してきたか、いわば人と自然との相互作用を、水を切り口として、歴史的時間の流れに沿って明らかにしようというアウトラインに賛同した人々に集まってもらったのである。このアウトラインに肉付けし、最終的にはプロジェクトの実施計画にまで練り上げる必要がある。

しかし、いままでほとんどコンタクトのなかったまったく異分野の研究者たちの集まりである。はじめは、それぞれがどんなことができるのか、いわば手持ちの武器を披露しあうところからはじめる必要があった。軽く他流試合をしてお手並み拝見といったところだっただろうか。このことは、プロジェクトのアウトラインを相互によりよく認識しあうことにも繋がると考えた。

そのために、典型的な学問分野を代表して四名の方に話題提供をお願いした。歴史的変遷を明らかにするためのもとになる膨大な蓄積を抱える歴史学。この分野では、杉山さんの推薦で、当時神戸大学にいた濱田正美さんにその労をとってもらった。それとタイアップして、最近の技術進歩が著しい天然試料の分析による古気候・古環境の復元研究分野。試料としては樹木の年輪試料や湖底堆積物試料などがある。特に乾燥地域での堆積物試料の解析ではわが国を代表する研究者である日本大学の遠藤邦彦さんにお願いすることも考えた。しかし年輪や堆積物解析はその歴史が古く、様々な成果が比較的良く知られている。そこで、極域での実績をもとに最近急速に発達してきた雪氷コア解析に関する話題のほうが良かろうと考えて、古くからの友人である国立極地研究所の藤井理行さんに頼んだ。雪氷コア解析というものをそもそも知らない人が多いだろうと考えたからである。

これら、歴史的変遷過程の復元に加えて、乾燥地域の水資源としてはどのようなものがあるのか、その変動原理は何か、それが人々の生活の中でどのように使われているのか、使い方を決めている社会システムや人々の考え方は何なのか、などの現状分析というアプローチも見逃せない。これらについては、ヒマラヤでの共同研究の実績がある当時東京農工大学にいた窪田順平さんに白羽の矢を立てた。彼には水文学的な立場からの話題提供を頼んだ。人文・社会学的なアプローチについては小長谷さんが引き受けてくれた。

これら四名の話題提供は、プロジェクトのその後の班構成の基本となった。最終的には日本人だけでも八〇名以上にまで膨らんだプロジェクトの共同研究者間で実のある議論を行なうためには、ある程度は、比較的少人数の班を編成して議論を煮詰めることも必要である。あまりにも参加者が多い全体会合では、突っ込んだ議論ができないこともあるからである。

班構成を参加者の専門分野別におこなうことは比較的やりやすい。そうすれば、班それぞれの議論では、研究分野が異なる人でもわかるようにと気を使いつつ言葉を選ぶ作業が必要なくなる。ある程度の専門用語も使えるし、発言や主張の論理構成が比較的似ていることもあって議論しやすいというメリットがある。しかしその反面、いわゆる専門家集団独特のわなに陥りやすい。異なる研究分野の研究者との共同作業をおこなうことを面倒に感じるようにもなるし、全体的なフレームのもとでの役割を忘れてその分野特有の蛸壺的な研究に陥りがちになるためでもある。

そこで、まず文書を主たる情報源とするいわゆる歴史学を中心とするメンバーと様々な天然試料の分析を通して古気候・古環境を復元するチームとをあわせた歴史復元班を設定した。歴史を復元するというタスクを担う文系並びに理系の研究者の混成チームである。また、水の循環システムや水利用の実態、それを生み出している社会システムなどの素過程を調べる現状素過程班とでも呼べるグループを設定した。こちらの班も混成チームである。しかし、それぞれ専門的な検討が必要な場合には二つの班がそれぞれまた二つに分かれ、第一回目の会合のときの話題提供に則した四つの班として機能することもあるという二重構造にした。この場合は四つの班それぞれのメンバーは専門分野も近く、専門的検討が比較的やりやすいというメリットがあることになる。

しかし、なんといっても最も重要なのは全体会合であった。つまり、今までまったく知らなかった分野で、どのように問題にアプローチしていくのかという、各専門家の取り組みを共同研究者全員が目の当たりにすることである。そのことによって、出てくる結果がどの程度信頼できるものなのか、どの程度いい加減のものなのかなどを、知らない分野の人たちも自分自身で判断することができるようになってくるからである。

後述するように、一般に隣の芝生は青く見える。自らが熟知している分野である結論が導かれたときには、よって立つ根拠や背景となるある種の仮定などの確実性を自らが判断することができる。しかし、自らがよく知らない異なる分野から出てきた研究成果の場合には鵜呑みにする傾向になる。全て正しい結論だと誤認しがちなのだ。鵜呑みにせざるを得ないのだ。その結論が導き出される過程のひとつひとつを自らが吟味できないからである。したがって、異分野の研究者による協働作業では、自らが吟味できなくとも、当該分野の同業者が吟味する場に居合わせることによって、少なくとも、その結論の危うさや確実さを実感することは、その成果を利用する場合に最低必要な手続きだといわざるを得まい。

しかし全体会合の意義はそれだけではなかった。専門分野が違う人の方が、当該分野の専門家以上に的確な解釈を行なうこともあるという実例を目の当たりにしたこともあったのである。まさに、研究分野の異なる研究者の協働がもたらす効果といえよう。

第一回目の会合で最も重要だったのは、話題提供に基づく相互理解に加えて、広大なユーラシア大陸に広がる乾燥・半乾燥地域の中で、どこを調査・研究対象として選ぶかということであった。

既に述べたように、わたしの頭の中では、崑崙山脈からタクラマカン沙漠の南側を含む一帯を候補地と考えていた。中心となるオアシス都市として和田（ホータン）を想定していた。少なくともわたしが携わっていた研究分野では、知識や土地勘、研究の蓄積がある。その前の年には、名古屋大学の藤田耕史さんや筑波大学の辻村真貴さんたちによって、このプロジェクトを実施するための準備として、一種の偵察調査もおこなっていたのだった。

しかし杉山さんから異論が出た。そのあたりに関しては歴史（文書）情報が極めて乏しいという。しかし栄華を極めたホータン王国は様々な歴史小説に登場もするし、映画も撮られている。それらはいわゆる歴史学の研究成果のうえに成り立っているはずであると思っていた。まさに歴史学の知識がないわたしの甘さであった。多くの情報は歴史を語った書き物にあるだけだという。いわば二次史料によるものに過ぎないとのこと。文書情報をもとにして歴史を作るうえで最も重要な原点史料（一次史料）がほとんどないというのだ。

小長谷さんはまさに運命の人なのかもしれない。そのときに小長谷さんが提供した話題は、その前の年にたまたま彼女が訪れた額済納（エチナ、エゼネもしくはエズネー）というオアシス都市についてであった。その地は極端な水不足に喘いでいるという。その後何度も額済納を訪れることになろうとは、彼女自身まったく思ってもいなかったであろう。

額済納は、黒河と呼ばれる河の最末端付近にあるオアシス都市である。そして、額済納周辺からは膨大な一次史料が最近発掘されたばかりだと杉山さんはいう。まだ大部分は読まれていない。中にどんな情報が眠っているかわからないともいう。黒河は氷河をいただく祁連《きれん》山脈に発し北流して額済納周辺で消える内陸河川である。冒頭で述べた気候変化と河川、人々の暮らしとの関わりを調べる舞台装置も、崑崙山脈からタクラマカン沙漠の南側を含む一帯とそっくりだ。氷河からの氷や湖底堆積物、年輪などの気候・環境を復元するための天然試料を得るサイトも揃っている。和田（ホータン）に相当する流域の中心となる張掖（チャンイエ）オアシスでは、京都大学の防災研究所が数年前に中国科学院の高原大気物理研究所と共同して気象・水文の集中観測をした実績もある。その研究成果を利用することもできるに違いない。

かくして、プロジェクトの調査対象を黒河流域とするとともに、プロジェクトの名称を「水資源変動負荷に対するオアシス地域の適応力評価とその歴史的変遷（略称オアシスプロジェクト）」と決定したのである。

逆転のフロンティア

地球のエネルギーの源は太陽である。地球は太陽からエネルギーを受け取ると同時に、宇宙にエネルギーを放出して熱的なバランスを保っている。しかし赤道地方では、放出するエネルギーよりも受け取るエネルギーのほうが大きく、極地方では逆に放出するエネルギーのほうが大きい。このため、赤道地方は平均気温が高くなり極地方は低くなることになる。このことが継続すれば、時間の経過につれて赤道地方はどんどん気温が高くなり、極地方は気温が毎年低くなるはずである。にもかかわらず、どの緯度であっても年平均気温はさほど変わらず時代的にほぼ一定に保たれている。

エネルギー収支が緯度によって違うにもかかわらず、それぞれの緯度に応じて平均気温がほぼ一定であるということは、何らかの作用で低緯度地方から高緯度地方へエネルギーが運ばれていることを示唆している。このエネルギー輸送の担い手は海水の循環と大気の循環である。

赤道地方で温められた空気は軽くなって上昇し、極地方で冷やされた空気は重くなって下降する。したがって、赤道の上空では空気が過剰となり、極地方の上空では空気が少なくなる。その不均一を補うように、上空では赤道地方から極地方へと向かう大気の流れが生じるはずである。事実、地上五〇〇〇メートルから一万メートルもの上空では、赤道地方から極地方へと向かう空気の流れがある。しかしその流れは地球自転の影響を受けて次第に東の方向へとその向きを変える。そのために極地方にまで達することができず、中緯度地帯の上空では一般的に西風となる。恒常的に吹く強い西風であるいわゆるジェット気流もこのことと無縁ではない。

中緯度地帯の上空には赤道地帯から上昇してきた空気が供給され続ける。過剰になった空気は下降流となって地上に向かうほかない。こうして、地球を取り巻くようにベルト状に、中緯度地帯には大気の下降流が卓越する地域、つまり高気圧帯が分布することになるのである。

上空から地上に向かって下降する大気は次第にその温度が上昇するので、大気中の水蒸気が凝結しづらく、雲もできにくい。したがって雨や雪が降る頻度も少ないことになる。こうして、地球の中緯度地帯には乾燥・半乾燥地域が広く分布することになる。ユーラシア大陸の中央地域はまさにこの中緯度地帯に相当している。しかも、世界最大規模を誇るユーラシア大陸の中央地域は、降水のもととなる水蒸気の供給源である海からの距離が最も遠いという地理的条件をも兼ね備えているのだ。

ユーラシア大陸の中央部を中心に分布する乾燥・半乾燥地帯を図6に示した。そのほとんどでは、ある程度の水を必要とする喬木は育つことができない。あっても、比較的少ない降水で生きていける草の生えた草原くらいである。大部分は植生がほとんどない沙漠で構成されている。

ユーラシア大陸中央部の広大な乾燥・半乾燥地域は、数多くの遊牧騎馬民族国家が隆盛を誇ってきた地域である。スキタイ、匈奴、突厥、ウイグル、西夏、モンゴルなどの集団が相次いで活躍してきた人類の歴史の「表舞台」なのだ。

残念ながら、まだ彼らの活躍の詳細な全貌はわかっていないようである。その活躍の一端は、考古学的な遺物で幾分知ることはできる。しかし、移動を旨とする遊牧民集団は、移動の妨げとなる巨大な遺構を作ることが少なく、残存する遺跡も多くはない。しかも、彼らが自らの手で文字に記した記録、いわゆる歴史文書も極めて限られている。わずかに、彼らと交渉のあった周辺地域に住む人たちの記録でしかうかがい知ることができない場合も多い。このため彼らの活動は中央ユーラシアを歴史の表舞台ではなく、舞台の縁辺部での出来事と捕えられてきたのであろう。

十九世紀から二十世紀にかける頃、中央ユーラシアの地は世界中で脚光を浴びた。それは、著名な探検家に組織された様々の探検隊によって、数多くの考古学的な遺跡や遺品、歴史文書などの「発見」がもたらされたからである。オーレル・スタインやスヴェン・ヘディン、ピョートル・クズミッチ・コズロフや大谷光瑞《こうずい》、橘瑞超《たちばなずいちょう》などによる、ユーラシア大陸中央地域の「知られざる奥地」を目指した探検である。当時、ユーラシア大陸中央地域は、人類のフロンティアとなった。そして新たな「発見」を求めて、次々に探検隊が組織されるようになった。ユーラシア大陸の奥地へ、奥地へとフロンティアが前進して行ったのである。

人は、自らの生活空間、認識空間を拡大する最前線をフロンティアという。そういう意味でいえば、ユーラシア大陸中央部という「表舞台」で活躍していた人たちにとっては、彼らの活躍の舞台そのものがフロンティアであるはずもない。彼らのフロンティアはより外の世界、大陸周辺部であったに違いない。たとえばモンゴル帝国は、ユーラシア大陸中央部から次第に勢力を広げ、大陸周辺部へとそのフロンティアを前進させることによって活躍の場を広げていったからである。そして行き着く先は海である。彼らにとって、海のかなたは最大のフロンティアであったろう。グリーンランドが、そして南極が人類のフロンティアとして十九世紀から二十世紀にかけてわれわれの前にあったように。

南極のように人が住まない地域がフロンティアとして認識されるときを別にすれば、フロンティアを認識するときには、どちらの側から見たフロンティアかによってまったく見え方が違ってくる。そして異なるフロンティアが交錯するとき、そのときに軋轢《あつれき》が、そして紛争が生じるとも考えられる。それは、それぞれの人間集団が自らの側から見たフロンティアを前進させ、活動空間を広げることによって、自らの世界の内なる諸矛盾を解決してきたからであろう。

ともあれ、人類活動の表舞台であったユーラシア大陸中央部は、内陸部から大陸の外縁へ、そして海へというフロンティアの拡大があった。しかし近年に入り、フロンティアを認識する方向が逆転し、海岸部から内陸部へとフロンティアが進んで行ったかのような時期もある。つまり、内陸部から海へというフロンティアの拡大と、海から内陸部へというフロンティアの前進とが交錯する地域なのである。その中に、オアシスプロジェクトが対象地として選んだ黒河流域がある（図6・7）。

黒河という河

ユーラシア大陸中央部に広がる乾燥・半乾燥地域のほぼ中央に黒河（黒水ともいう）はある。東西の幅が約三〇〇キロ、南北の長さが四〇〇キロあまりの規模を持つ流域である（図7）。流域面積にしておよそ一三万平方キロ。わが国の面積の三分の一にも達する。中国にある内陸河川としては、タリム河についで二番目に大きい。

五〇〇〇メートル峰を連ねて流域の南側を扼する祁連山脈は、長さが東西約一〇〇〇キロ。黒河の源頭はその山中に深く分け入った山の中である。司馬遷の史記によれば、祁連山とは匈奴の言葉で「天の山」という意味だとのこと。

南にある青海省と北の甘粛省の省境ともなっている祁連山脈は、甘粛省のすぐ南側に直立してあり、屏風を立てたように立ち並ぶ山々の連なりである。最高峰は六千メートルを超える。北側に目をやれば、東西に細長くベルト状にゴビ沙漠が横たわっている。武威（涼州）から張掖（甘州）、酒泉（粛州）、そして敦煌（沙州）へとつながるシルクロードは、南方の山脈と北の沙漠とにはさま

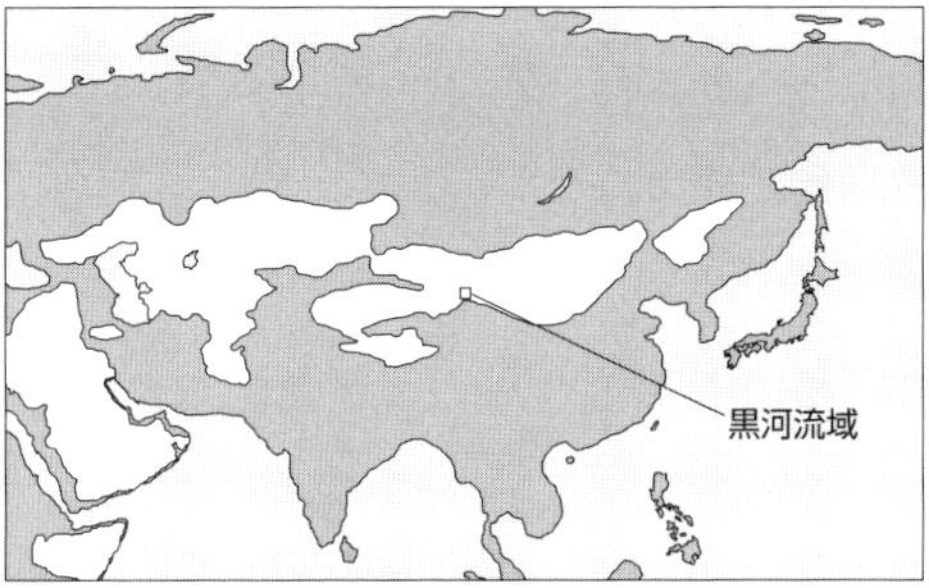

図６　ユーラシア大陸の中央部に広がる乾燥・半乾燥地帯　そのほぼ中央に黒河流域がある。

図７　黒河流域（アジア遊学「地球環境を黒河に探る」の黒河流域図を改変）

れた、東西に細長い台地状の平地に沿って伸びている。この台地状の細長い平地は、河（黄河）の西にある廊下状の土地ということで河西回廊あるいは河西通廊と呼ばれている。

黒河は、河西回廊の北にあるゴビ沙漠を東と西とに分けるかのように切り裂いて南から北に流れる一条の水の流れである。水や草が容易に得られる黒河の岸沿いならば、往時の軍団も容易にゴビ沙漠を南北に横切って進むことができたに違いない。河西回廊から北方を目指すには、この黒河の流れに沿って往けばよい。当時も今も黒河が消える、額済納（エチナ、エゼネもしくはエズネー）オアシスがある辺り（昔は居延と呼ばれていた地域）まで来れば、遊牧民の故郷、モンゴル高原はすぐ目と鼻の先である。

二〇〇〇年の昔、漢の武帝の寵を受けた驃騎将軍霍去病《かくきょへい》は、祁連山脈にいた匈奴の右賢王を打つために黒河の最下流部を経由して河をさかのぼって南方へと軍を進めた。河西回廊を傘下に収めた後には、漠北の匈奴を打つために、漢の軍勢は黒河の流れに沿って逆に北へと進軍したに違いない。中島敦の歴史小説『李陵』の主人公、李陵将軍も五〇〇〇人の歩兵を率いて張掖から黒河沿いに北上し、河の末端湖の近くにあった居延城で兵を休ませた後に、そこから北へと出撃したという。

モンゴル高原を根拠地とする遊牧民が南方に進出して河西回廊を目指すにも、黒河に沿って南下するのである。そのまま南下を続ければチベット高原を越えて遠く雲南にも達する。つまり黒河は、東西に伸びるシルクロードと直交する、南北の主要幹線交通路の役割を果たしているのである。

黒河は、祁連山脈の中に発し、山脈の山並みに沿って東南東方向にしばらく流れた後に、大きく北へとその流れの向きを変え、鶯落峡(インローシャ)と呼ばれる峡谷部から河西回廊の平地へと流れ下る。峡谷の出口を扇の要とする扇状地が北に向かって広がっており、扇の縁にあたる場所に張掖(チャンイエ)オアシスが位置する。河西回廊のシルクロード沿いにある最大のオアシス都市で、現在の人口は一二〇万人余り。漢の武帝が置いた河西四郡のひとつで、後に甘州とも呼ばれて栄えた町である。

張掖を過ぎると、黒河の流れはやや左にそれ、北西へと向きを変える。梨園河という支流を合わせるとともに臨澤(リンゼ)、高台(ガオタイ)というオアシスを通過し、北へと向きを変えて正義峡(チェンイーシャ)と呼ばれる谷を抜ける(図8)。

正義峡は両側に切り立ったゴルジュを持つまさに峡谷で、その深い谷間を黒河は流れていく。その周囲には古の烽火台が多数見られ、軍事的にきわめて重要な地点であったことをうかがわせる。正義城(チェンイーチャン)と呼ばれる城跡もある。正義城はかつて鎮夷城と呼ばれていたそうで、まさに夷を鎮めるための城という位置づけだったのであろう。「正義」も「鎮夷」も中国語の発音は類似していて、カタカナで書けばともにチェンイーとなる。近年になって、夷という字を嫌って、似た発音をもつ異なる字を使用するようになったのかもしれない。

正義峡を抜けた黒河は、北東に一五〇キロほど流れた先で二つに分かれる。東側をエゼネ河、西のものをムレン河と呼ぶ。二つの河は一〇〇キロ余り下流でそれぞれソゴ・ノールおよびガションン・ノールと呼ばれる二つの末端湖に流れ込んでいる。正確にいえば流れ込んでいた。

一九六一年には西側にあったガション・ノール湖が干上がってしまったという。そして残ったソゴ・ノール湖も、一九九二年には消えてしまったとのこと。黒河の水が湖まで届かなくなったのである。先に述べた河の断流現象である。一九三〇年代には二つの湖を合わせた面積は三百平方キロ以上にも達していたのに、なぜ二つの湖に河の水は到達しなくなったのだろうか。なぜ湖は涸れてしまったのだろうか。

黒河は弱水とも呼ばれる。京都大学の吉本道雅さんによれば、そう考えられるようになったのは『漢書』地理志にさかのぼれるそうである。そして、このことが広く受け入れられるようになったのは、四書五経のひとつであり最古の歴史書とも位置付けられる禹貢《うこう》(書経)に記載されている「弱水」を現実の河川に比定したいという、古雅を好むという当時の傾向のためではないかとのこと。しかし吉本さんの解説の中でわたしの注意を引いたのは以下の点である。

弱水は崑崙と並んで、東側からみて「世界」の西端に位置するとされてきた。つまり、前節で述べたまさにフロンティアにある。しかし、フロンティアのどちら側にあるかが問題となる。自らの「世界」の外なのか内なのか。どちら側に置くかという認識は時代とともに変化したようである。現在のフロンティアの外に置けば、世界をより広く認識することにつながる。つまりフロンティアを自らの世界の外側へと拡大させようという動きにつながるのである。逆に自らのフロンティアの内側に置けば、拡大主義には歯止めがかかる。前漢の終わり頃以降、黒河が弱水であるという主張に当時の拡大主義への歯止めという面があるという吉本さんの指摘は、現在の環境問題と通じるものがあるのではなかろうか。

図８　正義狭の黒河

図９　エチナ電子台（エチナテレビ）で放映されたエチナでのシンポジウムの画面

第四章　涸れる黒水

『中国歴史地図集』

　前章で述べたように、オアシスプロジェクトを担ってくれる研究チームはできた。過去の様子を復元する歴史文書や湖底堆積物、年輪試料や氷河コア試料、考古資料などを解析するメンバー。そして、雪や雨の降り方、氷河規模、河川水や地下水の実際、現代に生きる人々の生業や考え方、とりわけ農業などへの水の使われ方など、現状としての水の循環の様子を明らかにするメンバーである。

　しかし組織化できたのは日本の研究者だけである。研究対象地が中国である以上、中国の研究者の協力は不可欠だ。中国国内での資料の収集や試料採取、現地での聞き取りや野外調査などどれをとっても日本の研究者だけでできるものではない。中国国内での調査を外国人だけでやれるものではないのである。

　しかし、中国の研究者と共同でなければこれらの調査ができないから彼らの協力が必要なだけではない。中国の研究者によるこれまでの研究の積み重ねを取り込むことはまず肝要である。さらに、単に彼らが蓄積した成果を踏まえるというだけではなく、成果に裏打ちされた彼らの研究のアプローチをも理解し、日中相互に切磋琢磨する必要があろう。真の共同研究者としても中国の研究者の協力が不可欠なのである。

これがまた問題であった。なぜなら、中国には地球研がないからである。つまり、多くの研究分野の研究者をかかえ、先に述べたような地球環境問題の根本を考えようという研究所は、諸外国にもないし、中国にもまだない。したがって、オアシスプロジェクトに対応してくれる単一の組織としての研究機関がないのだ。

そこで、プロジェクトを構成する個々の専門分野に対応できそうな複数の研究機関をまわり、共同研究者となってくれる研究者の派遣を含めて、それぞれに協力をお願いするほかはない。結果的に、個々の研究者という立場での共同研究者という形で協力してくれたところもあれば、研究機関によっては、共同研究にかかわるために協定書を締結したうえで、組織として協力を約束してくれた機関もあった。以下に機関名だけを挙げておく。太字は何らかの形で協定書を締結した機関を示す。

北京では、歴史研究所、近代史研究所、**考古研究所**、植物研究所、地理与資源研究所、国家気象局、**民族研究所**（のちに民族学与人類学研究所と改名）、**中国第一歴史档案館**、中央民族大学、人民大学、北京師範大学。南京では、南京水文水資源研究所、湖泊研究所、**南京大学**、**河海大学**。上海の河東師範大学と長沙の**湖南師範大学**。フフホトでは考古研究所と**内モンゴル林業科学研究**

院。蘭州では、寒区旱区環境与工程研究所、蘭州大学、西北師範大学。ウルムチの新疆生態与地理研究所。これら研究機関の名前を見ても、プロジェクトがカバーする研究分野の多様性を感じるとることができよう。

フフホトの考古研究所には、黒河下流域にある遺跡から出土した多くの文物が保管されている。漢代の木簡などに加えて、西夏・モンゴル時代に栄えたカラ＝ホト(黒城)の遺跡から出土した文書のうち、特に一九八三年から八四年にかける発掘調査で得られたものを多数保有している。そのうち漢文で書かれているものは一九九一年に『黒城出土文書』として科学出版社から出版された。これが、杉山さんが「何が書かれているかわからない」と言っていた、額済納(エチナ)周辺から見つかった膨大な一次史料の一部である。漢文以外のものはまだ公開されていない。出版された漢文の部分も手書きの文字を活字に置き換えただけの録文であるため、一種の間違いも内包されている可能性がある。そういう意味では、出土した文書そのものを所有する考古研究所の協力は不可欠だと考えたのである。

考古研究所にプロジェクトへの協力をお願いするために、京都大学から後に地球研へと移ってきた加藤雄三さんと一緒に、フフホトを訪れた。その時、市内の新華書店で八冊に分冊された『中国歴史地図集』なるものを見つけた。カラー刷りで、装丁もハードカバーの箱入りという立派なものなのに、わずか二〇〇元(当時は日本円で三〇〇〇円程度)という安さであった。その時にわた

図 10 『中国歴史地図集』にある漢代の黒河下流部　末端湖の様子を下に黒く塗りつぶして示した。

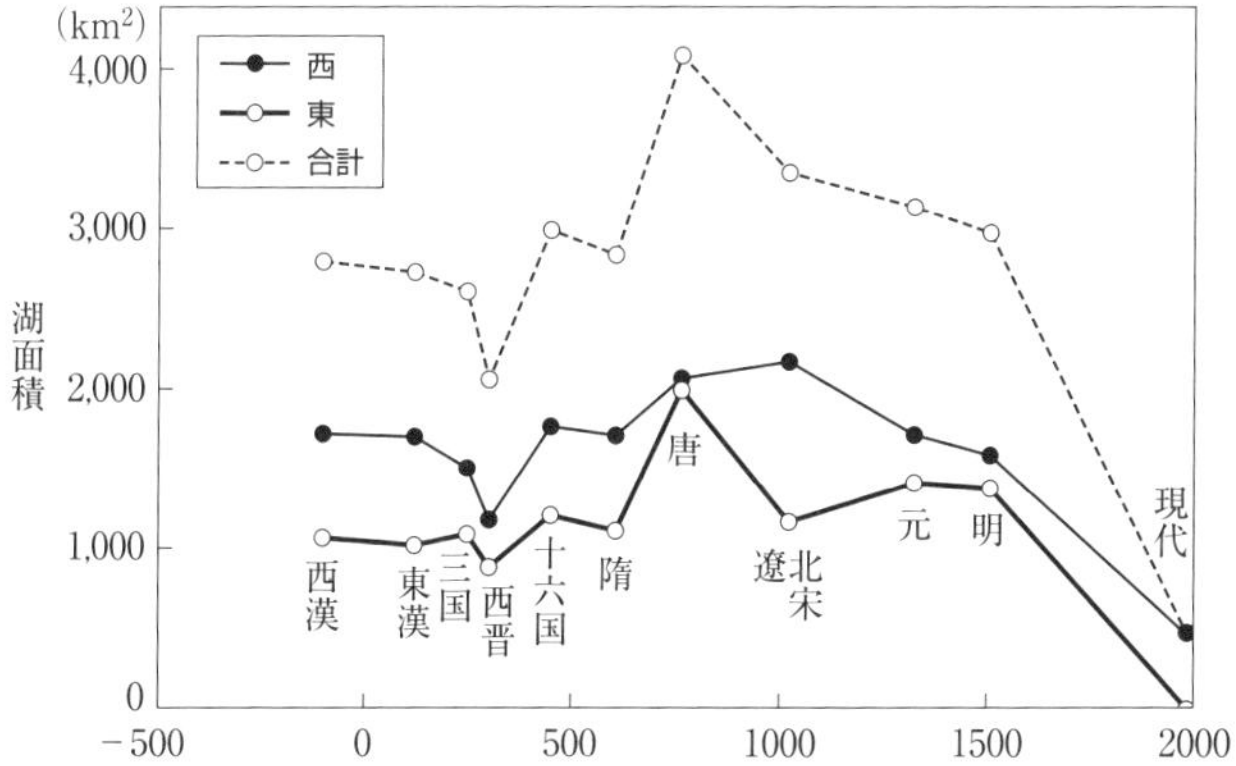

図 11 黒河の末端にある二つの湖の大きさの時間変化
湖それぞれの大きさと両者の合計面積の変化とを示している。

しが購入したものは、現在中国で広く使われている簡体字で書いてあるものだが、日本でいう旧漢字に相当する正字で書いてあるものもある。これは、中国の歴史研究者が文化大革命時に総力を挙げてつくったものであるとのこと。

原始社会から戦国時期までを対象とする第一分冊から清代をカバーする第八分冊まで、中国の歴史的なそれぞれの時代をほとんどカバーして、時代ごとの中国およびその周辺の地図が掲載されている。各時代の地名に加えて、当時の河川や湖の位置や規模も描かれている。その中に、当然のことながら、オアシスプロジェクトの対象である黒河流域周辺の地図も含まれている。時代ごとの黒河の流路やその末端にあったであろう湖の位置や大きさが描いてある。その例として、図10に漢代のものを掲載しておく。

名古屋大学から一時地球研にいた内藤望さんが、地図に描かれている末端湖の大きさを、時代ごとに読みとってくれた。その歴史的変化を示したのが図11である。二〇〇〇年以上昔の前漢（西漢）の時代から、十七世紀から二十世紀にかけて中国を支配した清代に至るまで、すべての時期を通じて二つの巨大な湖が存在していたことが記されている。

図11によれば、湖の大きさは紀元三〇〇年頃やや減少するが、その後次第に増加して、特に東に位置する湖は七〇〇年頃の唐代に最大値を示し、その後は二つの湖ともその面積が次第に減少してきたことになる。

東にあるのが居延沢と呼ばれる湖である。明代以降その面積は急激に減少し、清代には既に消滅していたとされる。

つい最近まであったガション・ノールとソゴ・ノールという二つの湖は、どちらも、図10に示した二つの湖のうち、西側にある居延沢ではない方の湖（西居延沢という人もいる）の範囲内にあることになる。つまり、西の湖は清代になって分離し、二つの湖ができたということになる。そして二十世紀になって、分離してできたこれら二つの湖も相次いで消滅したことは先に述べたとおりである。

この湖面積の変化は何を物語っているのだろうか。湖の水の源である祁連山脈への降水量の変動に起因しているのか、それとも、保柳仮説によるような、気温変化による氷河変動による黒河への水の供給量の変化によるものなのだろうか。あるいは、これら自然変動の結果ではなく、何かしら、当時の人間の活動状況の変化が原因なのだろうか。

しかしこれら湖の変遷の原因を考える前に、この『中国歴史地図集』に描かれている湖の輪郭が果たして正しいかどうかが問題である。何を根拠にして各時代の湖の位置や大きさを描いたのだろうか。歴史地図集の説明には、この地図の根拠となったデータが何かということは全く記載されていない。

したがって、『中国歴史地図集』に記載してある湖の図が正しいということを前提にして、湖がたどった湖水面積の変遷の理由を考えても意味がないことになる。つまり、『中国歴史地図集』に湖の大きさに関する時代的な変遷が描かれているとはいえ、そのこととは別に、独自にその大きさの変化を復元する必要があるのではないかということである。

漢代における居延沢

額済納(エチナ)の東に天鵞湖《テンガコ》と呼ばれる小さな湖がある。その面積は一平方キロにもみたない。その周りには、干上がって露出した湖の底部が削剥されることによってできる、ヤルダンと呼ばれる小山状の地形が多数みられる(図12)。天鵞湖のまわりに、かつて湖底であったことを示すヤルダンが多数、広く分布しているということは、少なくとも天鵞湖は、昔は今以上に大きかったということを物語っている。

図12の左奥に光って見えているのが、現在の天鵞湖である。位置的に考えて、これが居延沢のなれの果てであることになる。つまり、居延沢はかつてよりもはるかに小さくなってきたということである。そして、極端に小さいとはいえ現在も湖としてその姿をとどめている。

図13に、アメリカの偵察衛星コロナの写真を示す。一九六〇年代に打ち上げられたコロナという人工衛星は、当時われわれはその存在を全く知らなかったが、分解能が数メートルというきわ

図 12　多数のヤルダン地形とその左奥に遠望できる天鵞湖

図 13　天鵞湖とかつての湖岸線跡
（コロナ衛星写真）

図 14　天鵞湖の周りに列状に並んでいるグラベルバー

図 15　グラベルバーの下部から発見された巻貝

めて精密な可視光の画像を軍事目的として取得していたのである。しかも二枚の写真を使って立体視ができるというすぐれものである。最近になって、コロナよりも分解能が高い画像が得られる衛星が打ち上げられるようになった。このため、もはや秘密にしておく必要がなくなったコロナ衛星の画像をアメリカが公開したのだと考えられる。

写真の中央に黒く写っているのが一九六〇年当時の天鵞湖である。その北側に、上に凸の半円弧を描いた「しわ」が同心状に並んでいる。現地調査によって、このしわのひとつひとつがかつての湖岸線を現わしていることがわかったのである。

このしわの一つを地上で見ると、そこには比較的サイズの大きい石ころ（礫《れき》）が一列に並び、礫の列に沿って周りよりも幾分盛り上がった地形が連続している（図14）。礫州（グラベルバー）と呼ばれるものである。少なくとも二三本のグラベルバーを現地で識別することができた。

グラベルバーは、それが形成された当時の湖岸線をあらわしている。日大の遠藤さんたちのチームは、ほとんどすべてのグラベルバーの下部から、巻貝の貝殻を発見した（図15）。貝殻の年代測定によって、それぞれのグラベルバーが形成された年代がわかったのである。つまり、時代ごとの居延沢の湖面の高さの変化を復元することができたことになる。その結果によれば、およそ二千年前の漢代には湖面は現在よりも三〇メートルほども高く、現在の天鵞湖とは比べものにならない巨大な湖として存在していたと考えられる。いわゆる居延沢である。現在の地形図で天鵞湖の湖面より三〇メートル高い等高線を結べば漢代の居延沢の輪郭が分かる。こうして得られた居延沢の大きさや形は、『中国歴史地図集』の漢代の図（図10）に描かれている二つの巨大な湖のうちの東側のものとほぼ等しくなった。面積にして約一八〇〇平方キロメートル、琵琶湖のおよそ三倍近い面積を持っていたことになる。

当然のことながら、現在までに発見されている漢代の遺跡群は、すべて復元された湖岸線よりも湖の外側に位置している。当時の城郭が湖の中にある筈はなく、湖岸線の復元が妥当なものである一種の傍証ともなる。

問題はもう一つの西側の湖である。前述したように、その大きさに変遷はあるものの、『中国歴史地図集』では、すべての時代を通じて西の湖が存在していたとされる（図11）。つい最近まで存在していたガション・ノール湖とソゴ・ノール湖の両者を含む領域に対応している。

遠藤さんのチームは、一九六一年に消滅したガション・ノール湖から湖底堆積物を採取して分析した。その結果、堆積物の最深部の年代が紀元一二〇〇年前後であることが判明したのである。言い換えると、それ以前には湖としての堆積物がないということである。つまり西の湖が形成されたのは、少なくともガション・ノール湖の形成時期は、十三世紀以降であるという証拠が得られたのだ。

黒河下流域の標高データを詳細に調べた名城大学の堀和明さんによれば、居延沢が最大規模を誇った漢代における水面と同じ等高線以下に水があったと仮定すれば、現在のソゴ・ノール湖とガション・ノール湖は合体して一つの巨大な湖であったことになるという。しかし、この二つの湖の間にある漢代のA1遺跡は水没してしまうことになり、漢代に、この西の巨大湖があったという話はつじつまが合わなくなる。湖底堆積物の解析結果も含めれば、やはり西の巨大な湖は存在していなかったと考えるのが妥当であろう。『中国歴史地図集』で西の湖があったことになっているのは、標高データだけを基礎にして単純に想像したためではなかろうか。もっとも、ガション・ノール湖とは違ってソゴ・ノール湖は比較的古くから存在していた可能性はある。

屯田兵による農業開拓

先にも述べたように、黒河流域とりわけその下流域は、北の匈奴帝国に対抗するための軍事上の最前線であった。漢帝国は全国から多数の屯田兵を送り込んだ。彼らは自らの生活のために大規模な農業開拓をおこなったと考えられる。その数は百万人を超えるようである。現在の張掖の人口が一二〇万人程度であることを考えれば、実に大規模な人口の集中投下が行われたことになる。

黒河下流域には多数の灌漑用水路の痕跡がある。とりわけ、緑城と呼ばれる遺跡の周辺にはきわめて明瞭な水路跡が認められる(図16)。水路の周りにはかつての農耕地と思われる平らな地面が広がっている。これらの水路や農耕地はいったいどの時代に建設されたものなのだろうか。

緑城の東側に広がる農耕地跡の土壌の中から、中国・考古研究所の斉烏雲《チーウーユン》さんたちは炭化した大麦や小麦、黍などの種子を発見した。それらについて加速器質量分析法(AMS法)を用いて放射線年代測定をおこなった結果、これらは西夏〜モンゴル時代のものであるということが特定された。また、水路の壁の中に塗り込められていた草の破片などについても、同様に年代測定を行ったところ、ほとんどすべてが西夏時代からモンゴル時代にかけてのものであることも判明した。したがって、これらの水路や農耕地は、後述するように、カラ＝ホトが栄えていた西夏・モンゴル時代のものであることになる。

緑城周辺以外の灌漑水路跡でも調査したが、漢代のものであるという確証が得られたものを見つけることは出来なかった。新潟大学の白石典之さんが試みたように、漢代と西夏・モンゴル時代の尺度の違いから、漢代の農耕地を特定できる可能性もあったが、農耕地の区画がまとまっていて、かつそのサイズが一定の長さの倍数であるというものも、残念ながら見つけることは出来なかった。

しかし黒河下流域で漢代に農業が大々的におこなわれていたことは、古文書の記録からも明らかである。その証拠が見つからない(場所が特定できない)ということは、漢代の農耕地を西夏や

図 16　緑城付近の灌漑水路跡とその両側に広がる農耕地跡

図 17　典型的なタマリスク・コーン

モンゴルの時代にもそのままの形で利用したのか、あるいは漢代の農耕地は後の時代の農耕地の下に埋もれている可能性があるのではなかろうか。

衛星画像解析を専門とする奈良女子大学の相馬秀廣さんは、灌漑水路跡の上あるいは周辺にあるタマリスク・コーン（紅柳包）と呼ばれる砂でできた丘状の堆積物に着目した。これは、紅柳あるいはタマリスクと呼ばれる乾燥地特有の植物の周りに砂が集中的に堆積したように見える半固定的な砂丘のようなものである（図17）。

相馬さんは、その灌漑水路周辺のタマリスク・コーンの大きさが灌漑水路の水がなくなってからの時間と関係しそうだと考えた。西夏・モンゴル時代の遺構周辺のものはその高さが三〜四メートル程度である。これに対して、場所によっては、六〜七メートルから十メートルを超えるようなものも見られたからである。その中間程度の規模のものはほとんどない。つまり、タマリスク・コーンの大きさの分布をもとにして、漢代の農耕地と西夏・元代の農耕地とを識別できるのではないかというアイディアである。もちろん、水がなくなってからの時間の指標と考えるのだから、漢代の農耕地が西夏・モンゴル時代にも用いられていた場合には、放棄されてからの時間は八〇〇年程度ということになる。

この指標を用いて、漢代および西夏・モンゴル時代それぞれにおける農耕地の範囲をおおよそ推定することが可能となったのである。こうして復元された農耕地の範囲は、漢代には一〇〇〇平方キロ、西夏・モンゴル時代では六〇〇平方キロにも達する。しかしこれらの数字は、あくまで農耕地の範囲であって、農耕地そのものの面積ではない。農耕地と考えられる地点の外縁を結んだ範囲にすぎない。

そこで京都大学の森谷一樹さんは、外縁ではなく、相馬さんが衛星画像から丁寧に読み取った農耕地と思われる領域の面積を合計してみた。すると、漢代では一二〇平方キロ、西夏・モンゴル時代では一一〇平方キロという結果が得られた。中国古代史が専門の森谷さんはまた、漢代の額済納(エチナ、居延の地)の戸数が二〇〇〇戸という晋書の記載と、当時の一戸当たりの農地面積が七〇畝《ムー》(一ムーはおよそ六アール)前後であるところから、全農地面積は一四万畝、すなわち八〇平方キロ余りではないかと推定できるという。つまり、衛星画像からの農地面積の推定は人口からみた推定の一・五倍ほどになるということである。たぶん推定された農耕地すべてが同時に使われていたのではないのではないと考えるとこの数字の違いもあまり矛盾しないことになる。乾燥地の場合には、耕作を続けるうちに土地が塩化して放棄されるということが多いからである。

ともあれ、漢代に一〇〇平方キロに近い農地で耕作がおこなわれていたと考えることができる。中流域での水消費に加えて、この下流域での灌漑水としての水消費が、最終的に黒河が流れ込む居延沢の縮小に大きく貢献したことは疑いがない。同様の現象が、西夏・モンゴル時代に生じていたことは以下の章でも述べる。

第五章　カラ＝ホト（黒城）の盛衰

カラ＝ホト（黒城）の遺跡

漢が黒河流域から撤退した後でも、中流域の農業は続けられていたようだ。しかしその規模は、下流域でも大規模な農業開発をおこなっていた漢代とは比較にならない。農業用の灌漑水利用量の減少によって、河の末端にある居延沢は次第に回復していったと考えられる。

隋代になると、青海の吐谷渾《とよくこん》を撃った煬帝が河西回廊の張掖オアシスで大宴会を開いたことが記録されている。また唐は、七世紀には東突厥並びに高昌国、西突厥を降して、一時的にしろ、パミール高原の西にまでその勢力を拡大し、黒河流域をその勢力圏に収めたと考えられる。黒河下流域にある大同城の遺跡は、はじめは漢代に作られたものと思われるが、そこで発見された通貨からみて、一般的には唐代の遺跡と考えられている。しかし唐代における黒河流域（特に下流域）の様子をうかがい知る資料は極めて乏しく、詳細はわからない。いずれにしろ、八世紀に吐蕃によって河西回廊から撤退させられた唐の統治期間は極めて短い。

十一世紀になると、独特の西夏文字を生み出したことで知られる西夏が登場する。黄河が大きく北方へと湾曲するやや北にある現在の銀川にあたる興慶府を中心とする党項（タングト）族の国である。西夏は、十三世紀にかけて黒河流域をその支配下に置いた。ちょうどその頃モンゴル高原の北東地域に勃興したモンゴルの脅威と対峙するために、西夏は黒河下流部に軍事拠点を建設した。それがカラ＝ホト（黒城）と呼ばれる有名な城郭都市である（図18）。

京都大学から後に東京外国語大学に移った荒川慎太郎さんは、西夏文字を読むことができる世界でも希な言語学者である。彼によれば、西夏はモンゴルと対峙するために黒河流域に黒水鎮燕《ちんえん》軍司という軍事機構を置いた。「黒い水」という表現は西夏語を語源とするという。後に西夏がモンゴルに降伏後、モンゴル語で「黒い城市」を意味するカラ＝ホトという名前がその城郭都市の名前として定着したとのこと。

そのカラ＝ホトの遺跡は、東西四五〇メートル、南北四〇〇メートルにも及び、漢代の遺跡と比べてその規模は際立って大きい。もっともこれだけの規模になったのはモンゴル時代である。

先に述べたように、カラ＝ホト周辺の農耕地跡で見つけた農作物の種子や灌漑水路壁に塗り込められていた植物の年代測定の結果、すべて西夏・モンゴル時代のものであることが判明した。つまり、当時大規模な灌漑農業が黒河下流域で展開されていたのである。このことは、「何が書かれているかわからない」と杉山さんがいっていた黒城出土文書にも詳細に記載されていることが京都大学の古松崇志さんの緻密な努力によって判明した。

古松さんはモンゴル時代を専門とする少壮の歴史研究者である。図版や索引を除いても全

図18　砂に埋もれつつあるカラ＝ホトの遺跡　北西から南東方向を俯瞰した写真。

二二四ページにもわたる出土文書のすべてに目を通すのは現実的でない。出版されたものは録文であり、原点資料にある字の読み間違いも多々含まれている。また、もともと資料の一部しか出土しておらず、文書の全貌がわからないものも多い。さらに、一部がちぎれていて欠字となっているものも多数含まれているからである。欠字を補いつつ、意味を考えつつ間違い探しをしながら読み進まなくてはならない。

途切れ途切れの黒城出土文書を読み解くには、背景となる政治システムや文書の種類（どのような人からどのように宛てて書かれた何のための文書なのか）や定型の書式など、その時代に関する知識を総動員しなければならない。当時の事物を表記する漢字や当時よく使われていた地名や人名の表記も知っていなければいけない。表現の中に混じって出現する固有名詞を識別する必要もあるからである。読み進むようすを横で見ていて、欠字が混じった文章を読むことがいかに困難な作業であるかということを痛感させられた。モンゴル時代の歴史が専門の人でなければ到底できない作業である。その時代の文書を読むのが専門である古松さんにとっても、かなりの時間を費やさざるを得ないのである。

たとえば、「本路同知暗伯承務関(欠字)」(F257:W6文書)のような文章でも、「本路」というのが当時黒河下流域に行政区として設置されたエチナ路である、というようなことは想像がつくとしても、「同知」というのが日本の知事に相当する官職であるとか、「暗伯」というのが「アッベイ」という人名であるというようなことを知らなくては、文章の意味が全くわからないのである。

ともあれ、プロジェクトに最も関係がありそうな農業・牧業に関連した部分から検討を開始してもらった。農牧類と分類された文書群の中に、エチナに派遣された官員が家畜の状況を報告した文書(F111:W67)があった。六月、九月、十一月の三回にわたって、家畜の様子を報告したものである。その中に、羊に関して実に様々な表現が出てくる。「羊」「羖羊」「大羊」「羊羔」などである。そのうち「羔」は小さい羊のことをいうので「羊羔」とは子羊のことだろうという。また、「羖羊」とは種オスとしての羊だろうと想像がつくとのこと。しかし「大羊」とはなんだろう。単に大きな羊というだけの意味なのであろうか。

これらの文字の解釈をめぐって、古文書解読、特にモンゴル時代を専門とする人々を中心にして文献史学の専門家たちが全体会合の中で議論を闘わせていた。ちょうどその時に、この全体会合にやや遅れて小長谷さんが到着した。小長谷さんは、現在のモンゴルの人々を研究対象としており、なかでも彼らの遊牧のあり方を研究している。歴史家の議論を聞いていた彼女は、言下に「大羊」は去勢羊のことよ、と断を下した。彼女によれば、子羊のうちにその肉を食べるような環境でなければ、現在の彼らの生活を見るかぎり、群れの中には必ず去勢羊がいる筈だし、いれば去勢羊を表現する言葉が必ずあるに違いないという。種オスや子羊を表現する言葉がある以上、どんな羊だかわからないとして、ひとつだけ残った「大羊」は去勢羊しかありえないとのことであった。

このことは、文献史学と呼ばれるいわゆる歴史学が抱えている問題を象徴していると思う。古文書を解読することを専門とする歴史学者は、古い文字そのものには造詣が深いに違いない。しかし記載されている内容については、いわば素人なのである。文字を手掛かりとして記載内容を理解することには長けているものの、前後に記載されている内容を手がかりにして対象とする文章を理解するには、記載内容そのものに関わる専門家の方が長じているのだ。わたしが最初の章で述べたように、歴史学は総合学問であり、いい換えれば、異分野の研究者の協働によらなければ真の歴史を知ることはできないということに他ならない。

ともあれ、古松さんの努力によって、黒城出土文書に記載されていたモンゴル時代の黒河流域の様子が次々に明らかになっていった。たとえば、モンゴル帝国が全国に張り巡らせた駅伝（ジャムチ）制度の站（ジャム）のひとつがカラ＝ホトに置かれていた。そのジャムを支えた各地の有力者の実態（家族構成や建物・土地・家畜などの財産目録）が明らかになったのである。このような情報は、ほかの文献史料では知ることができないという。

またカラ＝ホトは、西夏がモンゴルに対峙するために築いた城郭都市だが、モンゴル帝国の時代には付近に敵対する勢力が無くなったことから当初の役割は消滅する。その代わり、カラ＝ホトは交易の中核都市として拡幅され隆盛を極めていたと思われる。このことは、商人の存在を示す黒城出土文書やカラ＝ホト出土の陶磁器などを用いた京都橘女子大学の弓場紀和さんの陶磁交易の分析研究によっても裏付けられた。しかし同時に、黒城出土文書によれば、モンゴルはカラ＝ホトの周辺に牧営地を設けており、その地を相変わらず遊牧軍団がおさえていたものと考えられる。

前章で述べたように、黒河末端域で一〇〇平方キロあまりの農地を展開していたことからもうかがわれるように、モンゴル帝国は積極的な農業振興策を推進していた。そのひとつが優れた農業技術を伝える『農桑輯要』の編纂と全国への頒布などであった。

農業技術の一つとして、区田法《おうでんほう》と呼ばれる集約農法がある。それは、「区」と称される窪地を作って作物を栽培し、集中的に肥料や水を供給する農法であり、特に水資源に乏しい乾燥地においては、水を効率的に耕作に使うことができるという利点がある。この区田法のマニュアルがその図解も含めて黒城出土文書の中に見つかった。さらにカラ＝ホト近くに、実際にこの区田法を用いて耕作が行われていたと推定される耕地跡がオアシスプロジェクトの現地調査で発見された。労働力の極端な集中投資が不可欠な区田法が黒河の流域で実践されたということをとっても、時のモンゴル政権が農業開発に非常に力を入れていたことを示唆している。

当時京都大学にいた井黒忍さんは区田法による耕作のやり方を詳細に検討した。井黒さんは文書解読を主たる手段で研究をすすめる歴史学者である。手がかりにしたのは、黒城出土文書に加えて、ほぼ同時期に出版された『救荒活民類要』である。これらの文書をもとにして区田法という集約農法を調べるのだが、井黒さんは農法の専門家ではない。この場合にも、プロジェクトに参加していた、農学部出身で土壌水文学を専門とする地球研の長野宇規さんの助言が実に有益であったという。文書に書いてある情報だけでは未知の農法を理解することには様々な困難をともなう。現在の農業における水管理のありかたの知識を利用してはじめて、文書情報から間違いなく農法を復元することが可能となったのである。

下流域における区田法の実践に限らず、モンゴル帝国は農業開発に非常に力を入れていた。このことは、下流域だけではなく中流域でも活発に灌漑水路開発がおこなわれていたことに裏付けられる。京都大学から地球研にきた井上充幸さんによれば、張掖周辺の灌漑水路の中に、モンゴル語である可能性が高い漢語でない名前をもつものが多数含まれているという。これらは、張掖地区でもモンゴル時代に大掛かりな農業開発がおこなわれていた傍証となったのである。

砂に埋もれるカラ＝ホト

一九八〇年。シルクロードへのロマンを掻き立てたＮＨＫの「シルクロード」シリーズが喜多郎のテーマ曲とともに放映された。当時は、一般の日本人が現地へ赴くことなど考えられない時代であった。学校の授業で習ったアジア大陸の歴史を思い起こし、大陸への憧れを抱きつつテレビの前に釘付けになったみなさんも多かったのではなかろうか。その中でもカラ＝ホトは主役の一つであった。

それから四半世紀が過ぎた二〇〇五年に、ＮＨＫの放送開始八〇周年記念事業として、新作「新シルクロード」が制作され、放映された。新シルクロード番組のプロデューサーであった井上隆史さんによれば、二五年前のシルクロードシリーズの復活というよりは、シルクロード地域が抱える様々な問題を現代の視点で捉え直したいとのことであった。憂いを含んだヨーヨー・マのチェロの音色をバックにした松平定知アナウンサーの語りは、シルクロードのロマンと現代のわれわれが抱える地球環境問題とのコラボレーションといえるかもしれない。カラ＝ホトの遺跡は、その第八輯で「カラホト　砂に消えた西夏」として取り上げられた。

番組制作のためにＮＨＫがカラ＝ホト周辺での現地撮影を計画したのは二〇〇三年頃であった。すでにオアシスプロジェクトの現地調査は始まっており、撮影への協力を求められた。単に撮影に協力するだけではなく、そのシナリオ制作にも協力することとなった。というのも、シルクロード地域の歴史的変遷を明らかにすることによって、現代の地球環境問題を考えるヒントを得たいというプロジェクトの目的意識と、前述したＮＨＫの制作スタンスとがうまくマッチしたからである。とはいえ、プロジェクトはまだ道半ばであり、プロジェクトの成果をどの程度盛り込むことができるのかという不安はあった。ともあれ、二〇〇三年当時までにプロジェクトの研究でわかったことを中心にしてストーリを作らざるをえない。第八輯カラ＝ホト編のディレクターであった中島木祖也さんと協議を重ねた。

前章で述べたように、西側の湖であるガション・ノール湖ができたのは十三世紀から十四世紀頃である。この時期は、ちょうどモンゴル帝国がカラ＝ホトから撤退した頃に相当している。いったいどうしてガション・ノール湖ができたのであろうか。そしてカラ＝ホトは砂に埋もれていったのだろうか。

二〇〇〇年のＮＨＫシルクロードシリーズ第四集「幻の黒水城（カラホト）」にも紹介されて

いるが、現地の古老の語りの中に、カラ＝ホト滅亡に関わる伝説がある。

その昔、無敵の軍隊を持つカラ・バートル（黒英雄）と呼ばれる将軍がカラ＝ホトを守っていた。その勢力は周辺を圧倒し、街は繁栄を謳歌していた。そこへ東方から強大な敵が攻め寄せてきた。彼はすぐさま応戦して勝利を収める。敗れた敵は一計を案じる。カラ＝ホトへと流れていた黒河の水の流れをせき止め、黒河の流れを西方へと変えてしまった。城の水の手を断ち切ったのである。カラ・バートルは急ぎ城の西の角で井戸を掘るが、どれだけ掘っても水は一滴も出てこない。水が出なかった井戸に、金銀財宝と、二人の妻と、そして息子と娘を投げ込み、水を求めて、彼は最後の決戦を挑む。そしてその戦いに敗れて死んだという。

この伝説は水が絶たれたことによってカラ＝ホトが滅びたことを象徴的に語っている。カラ＝ホトが砂に埋もれていったのは、そこに水が来なくなったからに違いない。一体どうしてカラ＝ホトに水が来なくなったのであろうか。

気候変化とカラ＝ホトの衰退

第二章で述べたように、タクラマカン沙漠における保柳仮説では、気温の変化によって氷河規模に変動が生じ、そのことによって河川の流量が変化したと考える。では祁連山脈の周辺では、過去どのように気温が変化してきたのだろうか。

　氷河の上流部では、降ってくる雪は融けることなく氷河の上に降り積もる。表面にある今年降った雪の下には、昔降った雪が順次積もっている。深くなるほど古い時代の雪が眠っていることになるのだ。積もっている雪や氷を柱状にボーリングして採取・分析すれば、時代の流れに従って、昔の様子を知ることができる。とくに、雪や氷を構成している水分子の中に含まれている酸素や水素の（重い）安定同位体の濃度は、雪が降った当時の気温が低いほどその量か多くなるという性質がある。名古屋大学の藤田耕史さんやアラスカから地球研に赴任してきた竹内望さんたち、オアシスプロジェクトの氷河グループは、祁連山脈やアルタイ山脈氷河から採取した氷コア試料を用いて同位体組成を分析した。その結果として、いわゆる温暖化が近年この地域でも生じていることが明らかになった。同時に、カラ＝ホトが滅びた十三世紀から十四世紀にかけては、逆に寒冷化が生じていたことがわかったのである。世界規模で生じたとされる小氷期と呼ばれる気温の低下現象が、この地域ではこの頃生じていたことが確認されたことになる。中国・植物研究所の張斉兵さんや愛媛大学の小林修さんによる祁連山脈で採取した樹木試料の年輪解析などでも同様の結果が得られ、このことが裏付けられた。

　本書の冒頭や第二章の保柳仮説のところでも述べたように、温暖化が生じれば氷河の融解が加速され、氷河を水源とする河川の流量は増加する。逆に寒冷化が生じれば河川の流量は減少するている。

のである。カラ＝ホトが砂に埋もれはじめた十三世紀から十四世紀は、まさにこの時期に相当している。

名古屋大学の坂井亜規子さんは、氷河融解モデルと水文モデルとを組み合わせて、祁連山脈から流下してくる黒河の過去二〇〇〇年間に及ぶ流量の復元に取り組んだ。利用したのは氷河コアや年輪試料の解析から得られた過去の気温変化や降水量変化データである。その結果、十三世紀から十四世紀にかけて黒河の流量が減少していったことがモデル計算でも明らかになった。寒冷化による河川流量減少がカラ＝ホトの滅亡に一役かっていたことが推察される。

しかしながら、もし前節で述べた伝説がモンゴル時代に実際にあったことだとすると、カラ＝ホトへと流れ込んでいた黒河の流路が人為的に変更されたことによってカラ＝ホトが水を失った可能性もある。このことは、西の湖ができ始めたこととも関係がありそうだ。それまではカラ＝ホトへと流れていた黒河の流路が西方へと動き、新たな末端湖してのガション・ノール湖が誕生したと考えられるからである。

中国・文物研究所の景愛さんは、「伝説は事実だった」と主張する。景さんは、カラ＝ホトへと流れていた古い水路の流れを遮るように砂丘が塞いでいること、そしてその砂丘が人工物のように見えるということを根拠にしている。つまり、それまでの黒河の流れを人工的に塞ぐ事によってカラ＝ホトへの水の流れを絶ったと考えられるという。水を絶った後に敵を攻撃するという戦法は歴史上よく見られることであり、カラ＝ホトによって立つモンゴル軍を馮勝将軍に率いられた明の軍隊が攻撃した際にそういう戦術をとってもおかしくないとのこと。このことは、前節で述べたNHKによる新シルクロードシリーズのカラ＝ホト編の中でも触れられている。そこでは、カラ＝ホトのモンゴル軍を攻撃した明軍によって、黒河の流路が変えられた可能性があることについて語られている。

日中両国のテレビ番組は、日本のNHKと中国の中央電子台との共同制作である。とはいえ、撮影自身は共同でおこなわれたが、番組作りはそれぞれの国ごとに独自の番組として制作された。つまり同じカラ＝ホト編でも日本版と中国版で全く異なる番組が制作された。

中国版は、「シルクロード地域が抱える様々な問題を現代の視点で捉え直す」というNHKの制作意図とは全く異なっている。多くの俳優を出演させ、西夏王国時代の人々の暮らしぶりを一種の劇映画として復元してみせる、という内容になっている。西夏の人々の暮らしぶりを復元する元となったのは、中国の西夏研究の第一人者である、中国・民族学与人類学研究所の史金波教授の西夏に関する研究成果であった。中国版の中では、カラ＝ホトが滅びた原因について、「一三七二年に始まる人為的な河道変化によって、古居延海が急激に縮小を始めた」と語られている。モンゴルを攻めた明軍による戦術として、黒河がせき止められて河道が変えられた、とはっきりいっている訳ではないが、人為的原因によって一三七二年に河道が変化した、といっていることから、まさに伝説そのままのことが明軍によっておこなわれたという景愛さんの説をとっているようである。

しかし自然現象として、砂丘が移動することによって既存の水路を塞ぎ、その流路を変えることは、現実に数多く観測されている。自然現象ではなく明軍による人為的な流路変更だという景さんの主張が正しいかどうかは、カラ＝ホトへの水路を塞いでいる砂丘が人工物かどうか、そしてそれが十四世紀のものかどうかにかかってくる。モンゴル軍が明にカラ＝ホトを明け渡したのが一三七二年だからである。

このことを明らかにするために、砂丘の調査や年代試料採取のために現地に行きたい。しかし流路の分岐点である問題の砂丘がある場所は、中国のミサイル発射基地を兼ねる人民解放軍の酒泉衛星発射センターのすぐ近くである。外国人の立ち入りは厳しく制限されている。まして現地調査の許可が得られるはずもなく、断念せざるを得なかった。したがって、黒河の流路変化が人為的なものか自然現象なのかについて、現段階では確実なことをいうことはできない。

したがって、その原因ははっきりわからないが、黒河が十四世紀にはその流路を西方へと転じ、居延沢の西方にガション・ノールという湖を新たに形成し始めたということは間違いない。このことによって、東にあったいわゆる居延沢の水量は次第に少なくなり、ついには涸れていったと考えられる。つまり黒河末端の湖はその位置と規模とを時代とともに変化させてきたのだ。いわば、ロプ・ノール湖に次ぐ、もうひとつの「さまよえる湖」ということもできよう。その変化をもたらしたのが人為的なものか自然的なものかはわからないが、ともかくカラ＝ホトは寒冷化による黒河の流量の減少に加えて、流路の変更によって水を失い、砂に埋もれていったと考えることができる。

第六章　明・清時代の黒河流域

カレーズもどきの発見と農業開発

カレーズあるいはカナートと呼ばれる乾燥地域に特有の水利施設がある。これは、主として山麓に広がる扇状地の伏流水を地下の水路に集めて下流域で灌漑をおこなうための施設である。一般的には、扇状地の頂部で直径数メートルの竪坑（シャフト）を地下水層まで掘削し、その地点から下流側数十メートルごとに竪坑を掘って、その底をなだらかな傾斜を持った横坑でつなぐ。その横坑に沿って地下水を下流に導き、その横坑が地表に出てきたところで、流れてきた地下水を用いて農地を灌漑するという水利システムである。水は重力で流れるため、いったん建設すれば、その後はエネルギーを一切使うことなく、灌漑水を手に入れることができるというすぐれものである。システムの大部分は地下にあるため、その存在はわかり難いが、航空写真や衛星写真などで上から見れば、ほぼ等間隔に並んだ竪坑の入り口の列（シャフト列）として認識することができる（図19）。

この水利システムは、古くは現在のイランに始まり、広く乾燥・半乾燥地帯に広がったと考えられている。中国のタクラマカン沙漠北縁、新疆ウイグル自治区のトルファンのものは有名で、中国では坎児井と表記されている。このトルファンのものが、ユーラシア中央部に広がる乾燥地帯の中で、最も東に分布するカレーズだと思われていた。

オアシスプロジェクトに参加していた奈良女子大学の渡辺三津子さんが、黒河中流域の衛星写真を眺めていたときに、上述したシャフト列ではないかと思われるものをいくつも発見した。彼女は地理学出身で衛星解析を得意としていた。トルファンより東では今まで見つかっていないカレーズというものが黒河流域にあるのではないか、ということである。

トルファンより東にある黒河流域に、(無いはずの)カレーズがあるのではないかというニュースに素早く反応したのが歴史学出身の井上光幸さんであった。得意とする古文書類を調べてみたところ、カレーズのことを記載したのではないかと思われる記述が多数見つかった。古くは明の時代からあるとのこと。一三九四年に曹贇という人物が「崖を穿って岩屋を作り、水を下から次第に上に揚げ」「まっすぐ崖を透過させて地を豊かにした」という。その後清の時代になって、童華という人物が「暗渠(地下水路)を設け、高低差を利用して水を導く」という計画を立て、政府の許可を得て全長三キロを超える地下水路を建設したとのことである。

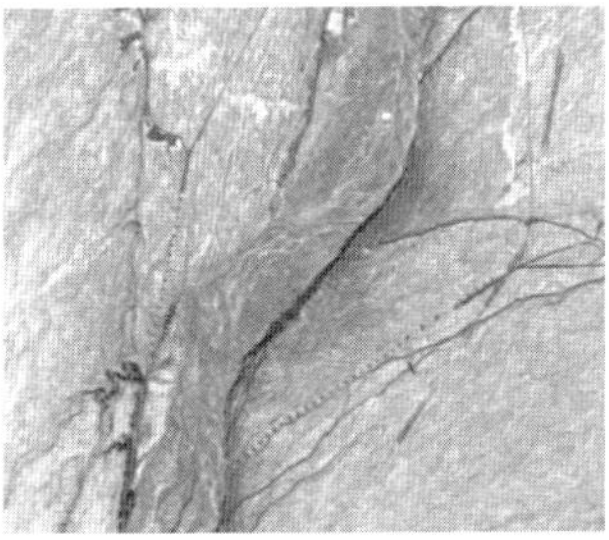

図19　コロナの写真で見つけた竪坑の入口の列

どうもカレーズがありそうだということで、渡辺さんや井上さんと一緒に現地に向かった。現地調査でも、リモートセンシング情報と古文書情報の組み合わせは威力を発揮した。カレーズがあるはずの場所として、衛星写真でシャフト列として特定できていた場所のものは、当然ながら、比較的容易に探し当てることができた。しかし、古文書情報にある(古い)地名を頼りに探した結果、衛星写真では特定できていなかった「シャフト列を持たない別種のカレーズ」を見つけることもできたのである。シャフト列を持たないカレーズとはいったいどんなものなのだろうか。

そもそも竪坑(シャフト)というものをなぜ掘る必要があるのか。本項の初めに述べたように、水路として利用するのは地下にある横坑であって、竪坑があろうがなかろうが関係ない。竪坑が必要なのは、建設時に横坑を掘るべき深さまで達するためである。つまりアクセス路という役割が第一義である。次に、横坑を掘った掘削土を搬出する通路という建設に伴う役割がある。そして最後に、地下にある水路を維持するための修理や掃除をするための、これまたアクセス路としての役割があることになる。

現地で見つけたシャフト列を持たないカレーズは、実は竪坑の代りに、水路とは異なる、何本もの別種の横坑の列を持っていたのである。これらのカレーズは河川の河岸段丘に沿って建設されたものであった。従来のように竪坑を掘る代わりに、数十メートルごとの横坑が段丘側に(水路とほぼ直交して)掘り抜いてあった。つまり、水路である横坑へは河岸段丘の壁からアクセスで

図 20　河岸段丘の対岸から見える横坑の入口の列　　その奥にほぼ水平な水路が段丘に沿って掘られている。

図 21　黒河支流付近の地下水路の内部

きるのである。掘削土の搬出は従来のカレーズよりも簡単である。段丘側にある横坑から土砂を河に捨てれば良いので、従来のように竪坑を通して地表に持ち上げる必要がないからである。もっとも、このような構造をもつカレーズについては古文書にも記載されており、現地へ行く前からその存在を予想してはいた。

この種のカレーズでは、水路である横坑へのアクセス路の入り口が列をなして並ぶ様子を、河岸段丘の対岸から明瞭に見て取ることができる(図20)。しかし、上空から鉛直方向に撮影された衛星写真では見えなかったのである。

アクセス路が竪坑の場合でも横坑の場合でも、どちらの水路にも現在は水が流れていない。いくつかの水路の中に入ることができた。入ってみたところ、狭いところは腰をかがめないと通れない程度の大きさだったが、広いところでは人が両手を広げて堂々と歩ける程の規模を持っているようなところもあった(図21)。

これらカレーズをその上流側へと辿ってみたところ、いわゆるカレーズとは大きく違っていた。水路としての横坑の最源頭部つまり取水部にたどり着いてみると、従来のカレーズの水源が地下水であるのに対して、黒河流域のものはすべて河川の上流部で河川水そのものを取水するものだったのだ。したがって、定義の問題ではあるが、いわゆるカレーズとは呼べない可能性もあり、本節の小見出しでも「カレーズもどき」とした所以である。

この地下水路は、灌漑のために耕地に引き込むべき水の取水範囲を極端に広げることができる。地表に沿って水を導く従来の灌漑水路は、尾根の向こう側にある水源から水を持ってくることができない。それに対して、地下水路を掘る技術があれば、地下水路によって尾根で隔てられた水源の水を目的地まで導水することができるからである。この地下水路建設によって、農地面積を飛躍的に拡大することができた事は想像に難くない。清代の童華が、地下水路建設の功績によってその栄誉を称えられたのも当然であろう。

雨を気にする多忙な皇帝

清の皇帝が住んでいた北京の紫禁城（故宮）の中に中国第一歴史档案《とうあん》館がある。そこには十七〜二十世紀初めの清代に記された膨大な量の公文書（档案資料）が保管されている。二〇〇年以上にわたる清代の状況を記録した資料である。当然清朝の統治領域であった黒河流域の情報もあるに違いない。もしあれば、清朝時代の黒河流域を知るためには垂涎の資料に違いない。

しかし当時のわたしは公文書としてどのような内容が含まれているのか全く見当もつかなかった。一体どんな内容の資料が公文書として保管されているのだろうか。

そのようなわたしを啓蒙しようと思ったのか、中国第一歴史档案館・満文部の責任者であった呉元豊さんが、黒河地域にかかわる公文書の一部のコピーを運んできてくれた。満文とは満州語のことである。呉元豊さんは中国の新疆省伊犂近くのチャプチャルを中心に住むシベ族(シボ族ともいう)出身である。シベ族は歴史的に満州八旗に属する一族で、新疆辺境守備を命じられて、満洲からチャプチャルに移住した部族である。シベ語はほぼ満州語と同じであり、現在でも使われている。当時京都大学の大学院生で、後に地球研に移ってきた承志さんも同じくシベ族出身で、呉元豊さんとは旧知の仲であった。その関係もあって、档案資料の一部を持ってきてくれたのである。

呉元豊さんが運んできてくれた档案資料の中に、「雨雪糧価」という資料が含まれていた。それを見ると、何年何月何日という日付や地名とともに、糧食の値段のほか、雨1寸、雪2寸などという多数の数値データが記載されている。聞けば雨や雪の量に関する日々の記録だという。現在のわが国でいえば、気象庁が発行している「気象月報」に相当することになる。

確かに、雨や雪の量(降水量)は農産物の出来・不出来に深く関係している。ある地方の気象条件とその結果としての食料の値段は、中央政府にとって、全土を統治するために必要な情報であったに違いない。異常な天候による農産物の不作は社会不安の元でもあり、極端な場合には、政治不信、ひいては暴動の発生などにもつながりかねないからである。

これらの資料は、各地の役人から地方総督を通して北京の中央政府に送られたものである。しかもこれらは一種の秘密報告として、上奏文という形で直接皇帝の手元に届けられていたとのこと。年代としては、康熙年間から雍正、乾隆、嘉慶を経て道光朝までの合計一三四年間分の記録があった。資料の一部を図22に示しておく。

図22に示した档案資料はコピーであるためわからないが、わたしが北京の中国第一歴史档案館を訪れたときに見せてもらった本物では、最後の「二月初八日」という日付の前の枠で囲んだ二行の文字は朱色で書いてあった。承志さんによれば、当時、朱色で字を書くことができたのは皇帝だけだとのことで、皇帝による朱色の書き込みは硃批と呼ばれる。この二行を書いたのは道光帝その人だということである。

その部分には、「雨水糧價雖係循例之事　切不可視為具文　必當據實奏報　慎勿粉飾　欽此」とある。承志さんの仮訳では、「雨水糧價は循例の事であるけれども、決して空文と視てはいけない。必ず實に據して奏報せよ。慎んで粉飾するな。此を欽め。」だという。つまり、地方から上奏された雨や雪、糧価の情報に皇帝自身が目を通し、「いつものことだからといっていい加減にせず、事実に即してきちんと報告するように」というコメントを入れたということなのだ。

現代のわが国で考えれば、時の首相が、気象月報のような数値データの羅列であるいわば無味乾燥な書類にきちんと目を通し、しかもそのデータの元になった観測をおこなう態度に注文をつけるということに相当する。このことでも、雨・雪や糧食の価格情報を清の皇帝が統治のために非常に重要視していたことがうかがわれる。いわば絶対権力者としての皇帝であるからこそ、真にまじめな皇帝であればあるほど、その日常は実に多忙な生活であったことであろう。気象情報や食料価格以外にも、皇帝が目配りする必要があることは多々あったに違いないからである。

黒河流域内およびその周辺でこれらの観測がおこなわれていた地点は、七〇地点以上もあるという。年輪や氷コアの解析による過去の降水量の復元はその時間分解能がせいぜい一年にすぎないのに比べて、日々のデータである。しかも観測地点が七〇点もあれば、降水量分布の図を作ることさえできる。気候復元というよりも、気象を復元することができる可能性があることになる。毎日の天気図を復元することにも相当するのである。

早速、黒河流域およびその周辺に係るこれらデータを膨大な档案館資料の中から選びだし、そのコピーをマイクロフィルムに収めて提供していただくことをお願いしたことはいうまでもない。一〇〇年以上にもわたる七〇点以上の地点の日々のデータである。提供していただいた資料は莫大な量で、紙に打ち出して製本したところ通常の書棚一架が完全にいっぱいになったほどであった。

資料のいわば本文に相当する数値データの一部を図23に示す。この例は乾隆二五(一七六〇)年七月の皐蘭縣と河州の二地点における観測結果である。どちらの場所でも七月中に三寸から五寸程度の雨が都合五日間降った様子がわかる。七月中に総計およそ一八~二〇寸くらいの雨が記録

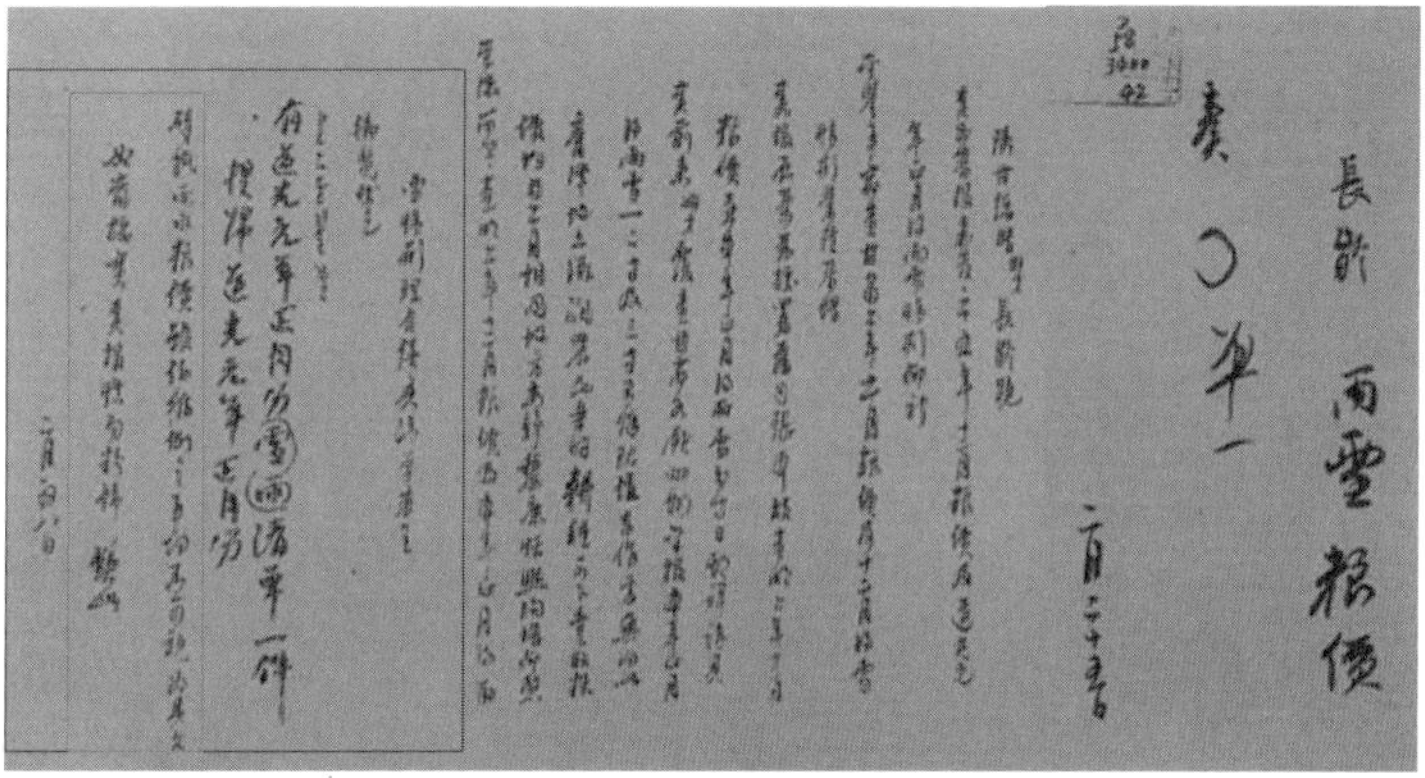

図 22　「清代甘粛地区生態環境档案」の一部（道光元年の上奏文）

		皐蘭縣	河州
乾隆（1760）25 年			
7 月	7 日	雨 5 寸	雨 3 寸
	12 日	雨 5 寸 6 寸深透	雨 4 寸
	20 日	雨 1 寸	雨 3 寸
	28 日	雨 3 寸 4 寸	雨 5 寸沾足
	29 日	雨 3 寸 4 寸	雨 5 寸沾足

図 23　「雨雪糧価」档案資料に記載されたデータの一部

されていたことになる。当時の中国における寸という単位はわが国の寸と大きく違わず、三センチくらいなので、その時の月降水量はおよそ六〇〇ミリだったということになる。

清朝時代の降水量の復元

研究対象地域である黒河流域における現在の年間降水量は、上流の山岳地域では平均四〇〇〜六〇〇ミリ程度あるが、シルクロードが通っている甘粛省を中心とする中流域ではおよそ一〇〇ミリ、下流域では五〇ミリ以下にすぎない。清朝当時、雨雪情報を皇帝に上奏していた地域は、図22に例示した皐蘭縣や河州も含めてほとんどが中流域にある。つまり現在の降水量が年間一〇〇ミリ程度の地域なのだ。図23に例示したように、七月とはいえわずか一カ月間に六〇〇ミリも雨が降るとは……。

他の観測地点の雨雪量もチェックしてみたが、現在黒河流域に降っている雨の量に比べて何十倍、あるいは百倍を超えるような数値も散見された。清代の降水量が現在よりもはるかに多かったという可能性もないわけではない。しかし今より数十倍も多いとは非常に考えにくい。このことをどう解釈すれば良いのだろうか。

この大きな違いの原因として考えられるのは、当時の雨量の観測方法が現在と異なるためではなかろうか。いったい当時はどのようにして雨量を観測していたのだろう。雨の量として記載されている数値は何の数値なのだろうか。歴史に疎いわたしでは、この疑問をどう解決すればよいかという手立てすら見当がつかなかった。

その時に、わたしの机の横で档案資料をマイクロフィルムから読みとり、そのハードコピーを作成するという資料整理を若い歴史家が行っていた。担当していたのは、第五章の「区田法」の研究のところで言及した井黒さんだった。彼にいうでもなく「この雨量のデータはどのようにして観測・取得したのだろう?」とつぶやいた。文献資料解析を中心とする歴史学が専門の井黒さんにすれば、档案資料の整理をしつつその中身を眺めていたのだが、雨量の観測方法は? ということに何の疑問すら持たなかったという。たぶん記載されている数値データそのものを検討するということが、今までの彼の研究対象ではなかったからであろう。

しかし流石に餅は餅屋である。数日すると「こんな資料がありました」といって、探し出した文献を見せてくれた。それは、朝鮮における雨量観測法に関するものであった。それには、現在使われている雨量計と同じ原理で雨量を測定する測器が、世界に先駆けて朝鮮で開発されたことが記載されていた。

李朝の世宗二三年にあたる一四四一年の『世宗実録』巻九三によれば、「各道の監司が地方官から受けた雨水の報告を中央に伝達するという(現行の)制度では、土地土地に応じて地質は異なり、乾燥湿潤の程度も同じではなく、土に染みいる淺深を測定することは困難であり、」「鉄を用いて器を鋳造する。器の寸法は、高さ二尺(四二・五センチ)直径八寸(一七・〇センチ)の円筒形で、台の上に置いて雨を受け、書雲観の官員が器中に貯まった雨水の淺深を測定し政府に報告するという方法がよいのではないか」という提案がなされたという。まさに現在使われている雨量計とほとんど同じタイプのものである。その後、この円筒形の「測雨器」と呼ばれる測器のサイズなどには改良が施されたようだが、ともあれ、現在もわれわれが使っている雨量計と同じ原理の測器を開発して使用し始めたのが李朝朝鮮だということである。一六三九年だとされるBenedetto Castelliによるヨーロッパでの測定容器の使用に二百年あまり先立つことになる。

これはあくまで朝鮮の状況であり、中国の清朝で雨量をどのように測定していたかはわからない。しかし、この文書の記載の中にある「土に染みいる淺深を測定する」は注目に値する。つまり、雨が土に染みこんだその深さを測定して雨量に代えていた可能性があることになる。

雨量測定法に関する清朝における実情は、しばらくして、承志さんが档案資料の中に決め手を見つけてくれた。たとえば、康熙六十年四月二十三日の『經筵講官頼都等奏報熏談祈雨情形折』の中に、「二十二日夜半、降大雨一次、復降一陣細雨云云、返回時、仍降小雨、掘土觀之、有一寸餘」とか、「二十一日雞鳴時、雨瀟瀟一陣云云、掘土觀之、有一寸濕土」あるいは、「今日雞鳴時雨瀟瀟云云、我往返之間、落雨二次、各處掘看、濕有一、二寸不等」といった記載が見つかったのだ。康熙六十年六月十三日の『禮部尚書頼都等奏報祈雨得雨情形折』にも、「十二日亥時二刻電閃雷鳴降大雨、本時正一刻未止。掘地觀之、濕有五、六指深不等」という記載があった。つまり、「雨が降った後で土を掘ってみたらこれだけの深さだけ湿った土があった」というような記載が多数見つかったのである。

こうして、档案に記載されている雨量データは、朝鮮の文書にも記載があったように、「降雨後に地面を掘ってどれだけ雨水が土壌に浸透したかを測定していた」ということがわかったであ

図 24　降雨実験の様子

図 25　人工的な降雨後の土壌断面　　水の浸透深が明瞭に見て取れる。

る。降ってくる雨の総量をたまった水の深さで表現する現代のいわゆる雨量とは全く異なる。

そうすると、いわゆる雨量と土壌中への雨水の浸透深度との関係さえ分かれば、後者を記録している档案データの数値をもとに、いわゆる雨量として復元することができることになる。

この段階になると歴史学者は無力である。降雨量と土壌中への水の浸透深との関係を知るためには土壌水文学者が次の主役となる。地球研の長野宇規さんの出番であった。

土壌への水の浸透深は土壌の物理的性質によって様々に異なることが予想される。同じ量の雨が降っても、雨水の染みこむ深さは砂地と畑地とでは違うだろうということである。また、染みこんだ水は時間とともに次第に深く潜っていくために、水の浸透深は降雨後どれくらい時間が経過したかという時間の関数にもなる。これらのことを考えに入れて、降雨量と雨水の浸透深との関係を求める必要がある。

そのためには、現地で降雨がある度に土壌を観測して、何処の深さまで雨水が浸透しているかを調べるのが最も直接的である。しかし黒河流域は乾燥地である。雨が降るのはきわめて珍しい。現地に数カ月滞在しても、降雨に遭遇する機会は多くない。そこで、実験的に人工的に水を散布して、その量と水の浸透深との関係を求める方が現実的である。図24に長野さんが考案した降雨実験の様子を示す。人工的に散水した後に、土壌を掘って水の浸透深を測る(図25)。浸透深は時間とともに増加するので、時間をおいて数回測定した。その結果、少なくとも実験をおこなった現地の土壌では、二四時間程度では浸透深の増加があまり大きくないことが判明した。档案資料によれば、観測は毎日おこなわれているので、降雨後二四時間以上経過してからのデータはないと考えてよい。したがって、時間の関数としての浸透深の増加はほとんど考慮しなくて良いことになる。

このような降雨実験を、档案資料に記載されている観測場所数カ所でおこなった。現地での実験期間は都合二週間ほどであった。その間に一度だけ天然の降水があり、天然の降雨後の雨水の浸透深をデータの一つとして取得することもできた。こうして、档案資料にある雨水の浸透深と降水量との関係を定量的に導くことができたのである。その関係式は黒河流域内の場所による違いはあまりなかった。流域内の土壌があまり大きくかけ離れたものではなかったからだろう。しかし、はじめに予想したように、砂丘を形成している砂地と一般的な畑地とでは大きく異なるという関係が得られた。しかし当時の観測が、作物の生育と大きく関係するからこそおこなわれていたということを考えると、砂丘の砂地という特異な場所でおこなわれたとは考えにくい。したがって、畑地で得られた結果を使って、档案資料に書かれている水の浸透深から、当時の降水量を復元した。こうして、清朝期の降水量分布のパターンや経年変化を復元することができたのである。

第七章

中華人民共和国の環境政策

近年の水不足

前章まで、特に第四章、第五章、第六章では、歴史復元班の活動を中心に、様々な研究分野の研究者の協働によって初めて可能となった研究成果の例を述べてきた。本章で主役となるのは素過程班がおこなってきた取り組みである。水循環の現状を調べる素過程班が主として対象とした期間は、中華人民共和国成立後の約五〇年間である。この期間に限れば、政治体制が大きく変革していないこともあり、水循環に関わる人の対応など、様々な素過程もある程度は大きい変化がないと考えたからであった。とはいえ五〇年の間には、国際情勢の変化もあったし、大躍進、文化大革命、改革開放、西部大開発など様々な中国政府の政策転換がおこなわれてきた。その結果として、現地の人々の暮らしぶりや、ひいては彼らの水環境にも種々の変化がもたらされた。

一方この地域でも、地球温暖化と呼ばれる気温の上昇傾向が、特に一九七〇年代以降、顕著に認められるようになってきた。さらに、地球研にいた谷田貝亜紀代さんの解析によれば、気温の上昇に加えて、降水量もわずかとはいえ増加傾向であるという。黒河の源は祁連山脈の氷河であり、先に述べたように、温暖化によって氷河は縮小し、その分だけ氷河からの供給水は増加する。

このことは、降水量の増加傾向と相まって、山岳域から中下流域への水の供給量は増加傾向になるはずである。ただし、祁連山脈から流下する黒河の場合には河川水全体に対する氷河融解水の寄与は小さく、わずか数パーセント程度である。崑崙山脈からタクラマカン沙漠へと流下する河川の場合にはその半分近くが氷河起源の水であるのとは大きく異なる。

祁連山脈という山岳域(上流域)から黒河の中流域への出口である鶯落峡で測定した河川流量は年間一六億トンほどである。そして前述した予想通り、氷河融解水の寄与が少ないこともあってわずかではあるが、河川流量が最近増加傾向であることが認められる。

にもかかわらず、特に下流域では極端な水不足が問題視されるようになってきたのである。第三章で述べたように、黒河末端の湖は相次いで消滅した。下流域では河畔林も衰退してきているし、地下水位も低下の一途をたどっているのである。

探検家であり地理学者でもあるスヴェン・ヘディンの探検隊が、一九二七年に黒河の下流域を訪れた。その時に記録された映画を見ると、下流域でも黒河は滔々と流れている。年間で河川水量が最も減少する秋の季節であったにもかかわらず、彼らの測定によれば、一秒間あたり二〇トンもの水が流れていたという。大量の水が流れる黒河を探検隊が渡河するのにひどく難渋している様子も映画に収められている。

ところが二〇〇二年にわれわれが黒河の下流域、ほぼ同じ場所を訪れたときには、河床は干上がり、河床のあちらこちらにわずかに溜まり水を認めるだけになっていたのである(図26)。

その原因は何だろうか。黒河の最近五〇年間の流量データを見てみると(図27)、中流域から下流域へと流下する水量は、一九五〇年代には年間あたり一〇億トン以上あった。上流域から流入するおよそ一六億トンという河川水量と、下流域へと流下する流量との差は中流域での消費量の指標として考えることができる。つまり中流域での水消費量はおよそ五~六億トンほどであったことになる。図27に示したように、かつては一〇億トンを超えていた中流域から下流域への流量が、一九九〇年代には八億トン程度へと減少したのだ。そうすると、一九五〇年代に五億トンあまりであった中流域での消費量が八億トンにまで上昇していることになる。この四〇年間で約一・五倍近くにも増加しているのだ。つまり、中流域での水消費量が急増しているのである。このことが下流域における水不足の主要因だと考えることができる。

中流域における水消費量急増の原因は、人口増加やそれにともなう農地面積の急増である。中国・寒区旱区環境与工程研究所の王根緒《ワンゲンスー》さん達によれば、一九七〇年代以降、中流域の人口は二倍に、農地面積は三倍にも膨れ上がってきていたのである。

じつは同様の水不足現象が清代にも生じていた。井上充幸さんによれば、下流域に住む遊牧民から清朝への請願文書が残っているという。いわく、「黒河中流域で灌漑が活発に行われる時期には黒河の水が枯渇し、われわれは河床に残るわずかの溜まり水などを利用するしかありませ

図 26　2002 年の黒河下流域　　河に水は流れておらず，河床に残る溜まり水にラクダが遊んでいる。

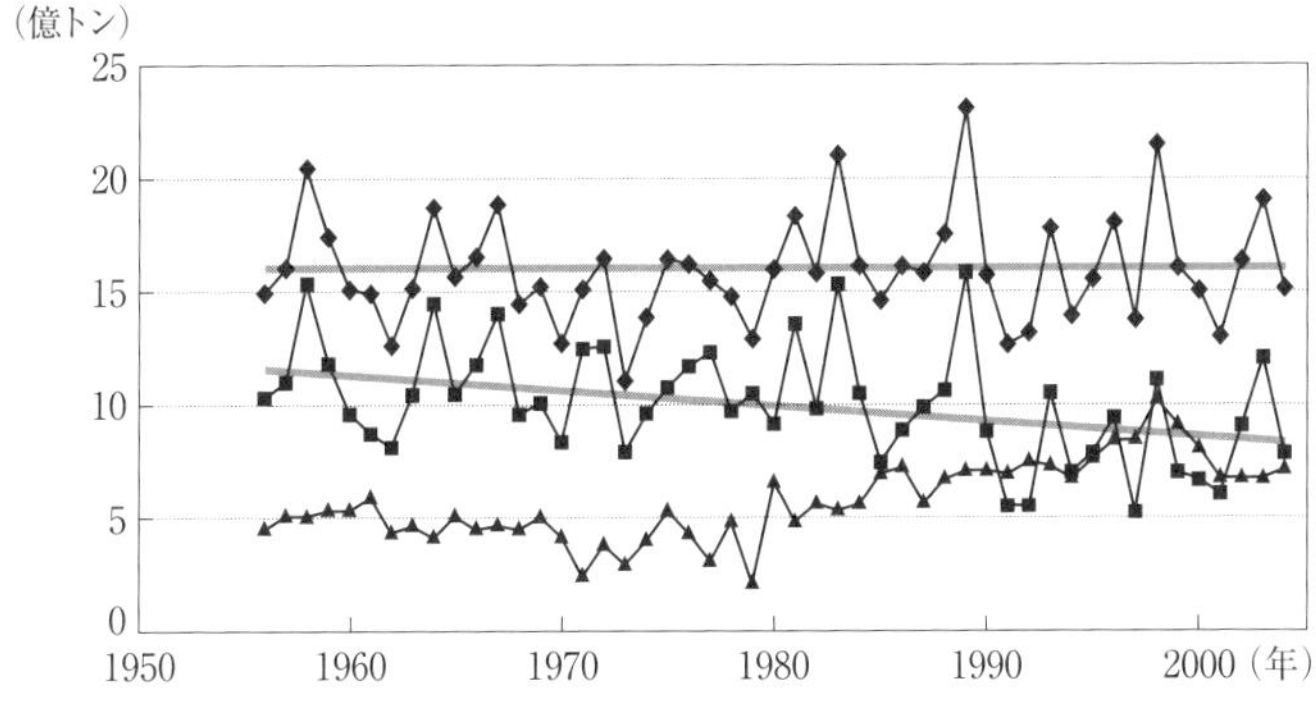

図 27　近年 50 年の黒河の河川流量(億トン／年)
上流域から中流域へ流入する流量を◆で，中流域から下流域への流出量を■で，中流域での水消費量の指標となる両者の差を▲で示している。

ん」。つまり黒河下流域は、われわれが二〇〇二年に見た様子（図26）とほとんど同じ状況にあったと思われる。そして、その原因が中流域の灌漑用取水のためであるということを、当時の人々も認識していたのである。

このことは上流側と下流側との一種の水争いとも考えられる。事実、清代当時にもこのことに起因する訴訟が頻発していた。このため、一七二四年には黒河均水制度と呼ばれる水の分配制度が制定された。そこでは、取水時には取り決め遵守の監視をおこなうことや違反者への処罰などについても制定された。簡単にいえばこの制度は、黒河の下流から上流に向かって順次同様に取水するという取り決めであった。水争いは、原理的に上流側が圧倒的に有利である。だからこそ、取水を下流側から始めて、次第に上流側に取水させるという取り決めには、なにかしら当時の人々の知恵というものが感じられる。じつはこの分配方法は、農業開発にともなう水不足が顕在化していたモンゴル時代に、すでに導入されていたことも古松さんの研究の結果わかっていた。

われわれが二〇〇一年に初めて黒河を訪れた時に、偶然にも、中流域と下流域との水の分配協議を行う月水量調度工作会議なるものが、中国中央政府の肝いりで、張掖で開催されていた。

黒河流域では、それまでは省の境界が明確に区分されていなかったが、一九二九年に祁連山脈の稜線をもって山脈南面は青海省、北側が甘粛省という省境界が設定された。さらに、黒河の大部分を占める主稜線の北側はすべて甘粛省に属していたが、一九七九年に、下流域が甘粛省から内モンゴル自治区へと編入されて、さらに流域が区分された。つまり中流域と下流域との間に省境界が設定されたのである。このため、中流域と下流域との水の分配協議を、異なる省にまたがっておこなわれざるを得なくなり、なかなか協議がまとまらなかったのである。そこで上記調度会議には中央政府が乗り出さざるを得なくなったとのことであった。

結果として、中流域から下流域へ年間一〇億トン弱の水を流すようにという決定が出された。一九五〇年当時の分配率へと戻そうとした考えることもできる。しかしこの裁定は、中流域と下流域との間での単なる水の分配だけではなく、その頃から問題になってきていた環境政策という意味合いもあったのである。

中国政府の環境政策

最近、中国の沿岸工業地帯とりわけ北京周辺では、大気中のＰＭ2.5と呼ばれる微小粒子状物質の濃度増加による健康被害が問題視されている。石炭の燃焼や車の排気ガスなどが原因であるとされるこれら微小粒子は、大気の流れに乗って日本にまで飛来し、わが国における健康被害をも増加させると危惧されている。

大気中の浮遊微粒子のうちでも、二〇〇〇年前後には特に、いわゆる黄砂によるダストストームが頻発し、健康への悪影響が問題になっていた。北京周辺におけるダストストームは、中国国内だけではなく韓国などでも急増し、なんとかそれをくい止めようという動きが顕著であった。当時、黄砂の発生源として注目を集めたのが黒河下流域の額済納(エチナ)周辺だったのである。たぶん、黒河下流域の水不足が広く世間に認識されていたからであろう。水不足によって植生が衰退し、沙漠域が拡大し、その結果として黄砂ダストの地表からの発生量が増加したと考えられたと思われる。もっとも、黄砂粒子や現地各地の土壌のストロンチウムやネオジムの同位体分析をおこなった地球研の中野孝教さんによれば、北京などで生じていたダストストームの起源はタクラマカン沙漠や黒河下流域など比較的遠隔地の裸地や沙漠域ではないという。北京周辺の農地拡大にともなう沙漠化である可能性が高いのである。

ともあれ当時は、ダストストームを減らすためには、黒河下流域の乾燥化を防ぐことが重要であり、そのためには、下流域にある程度の水を供給する必要があると考えられたのであった。

大気汚染という問題への対策として、黒河中流域の水使用を制限し、下流域への河川流下量を増やすという対応だけでは、根本にある水不足という問題は全く解決しない。そこで採られたのがいわゆる節水政策である。中流域にある代表的なオアシスである張掖は、二〇〇二年に中国全土の「節水型社会」のモデルとされた。その内容は、中国・河海大学の陳菁さんの報告に詳しいが、従来主流を占めていた糧食作物よりも少ない水で育てることができる、野菜や棉花、種を採るためのトウモロコシ（製種トウモロコシ）などの作付面積が増加した。水使用量が制限されたための措置と受け止めることもできる。これらの作物は、従来種に比べて換金性が高い、いわゆる換金作物とも位置づけられ、急速に普及した。

このことは、甘粛省内の新興工業地区への供給や国際貿易をも視野に入れた野菜供給基地を、張掖を中心とする同地域に創出しようという動きが背景にある。日本学術振興会の特別研究員として地球研に滞在していたマイリーサさんによれば、税制を含むそのための様々な優遇政策が黒河中流域を対象としてとられたという。

第五章で述べたように、たとえばモンゴル王朝にあっては、新たな灌漑水路を開鑿して農地を開拓し、農業生産量を増やしてきた。しかしこれらの努力に加えて、区田法という節水農法を積極的に進めていた。つまり少なくとも黒河流域にあっては、従来使われていなかった水源を開発するという努力と、節水政策の推進という努力とを並行して進めていたと思われる。

中華人民共和国の時代になっても、前述のように節水政策が推進された。さらにこのことに加えて様々な努力が行われてきた。その一つが植林活動である。図28に甘粛省の中心都市である蘭州近郊での植林の様子を示す。同地の天然の降水だけでは、植林された木々を維持するのに充分であるとは言い難い。このため、植林地帯に黄河からくみ上げた水を引き込んで散布するという

図28　甘粛省・蘭州近郊の植林と散水

努力がなされている。

河川の源頭部にある森林は、水源林あるいは緑のダムとも呼ばれている。このためでもあろうか、森林を育成・保全することによって水資源が豊かになると誤解する人が多い。しかし森林が増加すれば、木々がその根から吸収した水分が葉をとおして蒸散し、そのぶんだけ現地の土壌に蓄えられる水量は減少する。つまり森林の効果は水資源量を増やすことではない。降雨シーズンに降った雨を多量に溜め込み、乾季にゆっくりと流出させて、河川の流量を安定させる役割や、その根でしっかりと表土を保持し、豪雨による洪水や土壌浸食を防ぐという防災的な役割が森林にはあるのである。そういう意味でこそ、森林は治水にとって重要な役割を果たしているのである。

中国政府がこの森林の重要性を強く認識する契機となったのは、一九九八年に長江（揚子江）流域で発生した大洪水であろう。そのことによる被災者は二億人を超えるともいわれている。長江上流域では、大躍進の時代や改革開放の時代にかけて、自然林の八五パーセントもが伐採によって失われていたのである。このため、中国政府は森林の伐採を禁止するとともに、土壌流出の危険性が高い傾斜地での耕作をやめさせ、そこに植林をすることによって耕地を森林に戻すという、いわゆる「退耕還林」と呼ばれる造林政策を推進したのである。黒河流域においても、長江流域と同様に、一九七〇年代から一九八〇年代にかけて盛んに森林伐採がおこなわれており、森林の回復が急務であると考えられた。

黒河流域において特徴的なのは、森林回復のためにとられた「生態移民」と呼ばれる政策である。上流域でいえば、この政策は祁連山脈中の森林回復・保護のために、山中で生活している牧民を中流域の農業地帯に移動させるという方策が採られた。というのは、上流の山岳域の草原に放たれている家畜たちが水源林の木々の新芽を食い荒らすことによって、森林の生育を阻害していると考えられたからなのである。この政策は二〇〇〇年以降順次実施に移されていった。中流域のオアシス周辺には（生態）移民村と呼ばれる彼らのための固定住居が準備され、遊牧民の定住化が推進されたのである。

黒河下流域では、河畔に生育していた胡楊やタマリスク(紅柳)などの林の中で放牧をしていた牧民の放牧活動を制限し、彼らを定住化させるという方針がとられた。これも生態移民政策と呼ばれる。ここでも、放牧を制限することによって、河畔林の新芽を家畜が食い荒らすのを防いで林の衰退を防止し回復させようという環境政策的な意味合いが強い。下流域の河畔林は、水源林としての役割はないが、この措置に加えて、下流域における植林活動も活発におこなわれるようになってきた。これも、より良い環境の回復が主たる狙いであると考えられる。

より良い環境の復元のためとしてもう一つ取り上げられたのが黒河の末端湖の復元である。一九九二年に消滅してしまった黒河の末端湖を再生させようという努力が開始された。そのために、かつてソゴ・ノール湖があった場所に向かって新たに人工的な水路が建設された。中流域の水使用を制限することによって増加した河の水を有効に役立てるため、水路底面からの漏水防止のためのビニールシートやコンクリートで表面を加工した近代的な水路である(図29)。

われわれが二〇〇一年に現地を訪れた際には、かつてのソゴ・ノール湖の湖底は荒漠とした平地が広がっていただけであった。しかし末端湖回復の努力によって、旧ソゴ・ノール湖に見事に水が戻ってきた。二〇〇三年には美しい景観を誇る湖が復活したのである(図30)。

環境政策の影響と問題点

素過程班では、前節で述べた様々の環境政策の影響などの実情調査を実施した。上流域調査を担当したのは、鹿児島大学の尾崎孝宏さんや同大学大学院生であった中村知子さん達である。上流域は伝統的に牧民が遊牧活動で生計をたててきた地域である。八世紀から九世紀にかけて北ユーラシアで隆盛を誇ったウイグル族の末裔ともいわれているヨゴル族（裕固族）やチベット族（蔵族）など、少数民族と呼ばれる人々が主として活動してきた地域である。

図 29　黒河末端からソゴ・ノール湖へと水を導く人工水路の建設

図 30　復活したソゴ・ノール湖

祁連山脈の黒河上流域は古くから豊かな牧草地が広がる遊牧の適地である。古くは匈奴に始まり、ウイグル、モンゴルなど遊牧民族の活動拠点となってきた地域である。軍馬場あるいは軍馬牧場などの地名が残っている。さらに、騎馬軍団の威力が失われた現在でも、人民解放軍の儀仗兵が騎乗する馬の主たる供給場になっているのだ(図31)。

彼らの調査の結果によれば、祁連山脈の南面に当たる青海省側、最上流域とでもいえる地域では、生態移民政策の影響はほとんどないらしい。問題になるとすれば、自由な放牧生活を送ってきていた少数民族の人々が、青海・甘粛省境界の設定によって山稜を越える移動が制限されたことだという。その後、自発的な移住や核実験施設の建設にともなう強制的な移住もおこなわれた。しかしその移動は、平原地域から山岳地域へというベクトルが卓越していた。しかし二〇〇〇年代に入ってからの生態移民政策による人の移動は、祁連山脈の北面も含んで、山岳地域から平原である中流域へとそのベクトルが全く逆になってきたとのことである。

生態移民と呼ばれる、山から平地へという人の移動、特に山岳域の遊牧民の中流域への強制移動は何をもたらしたのだろうか。山麓の草原で家畜を養っていた彼らがまず直面したのは、移民村の畜舎内で育てることを迫られた家畜の飼料をいかに調達するかという問題であった。中流域にも幾ばくかの草原が残ってはいたが、換金作物育成などの農地開発によって草原面積もどんどん減少していた。ひっきょう、家畜を養うためにアルファルファなどの飼料を栽培せざるを得な

図31　祁連山脈の黒河上流域にある馬牧場

くなったのである。このことは新たな耕地開発ともいえる。つまり新たに水需要が生まれたのである。

河川水利用の水利権を持つ中流域の農民達もまた、中流域での水消費量を減らし、下流域への水の供給量を増やすべしという方針によって、新たに水不足が生じていた時である。自分たち自身が、水不足を解決するための新たな水資源を必要としていたのである。移住してきた牧民達に飼料栽培のための水を分け与えるだけの余力はない。

結局、農民達が目を付けたのは、当時その利用が全く制限されていなかった地下水であった。井戸の開鑿《かいさく》が進められ、地下水の利用が急速に進んだのである。

地下水利用の急増は、単に黒河からの取水制限のためだけではない。もうひとつの理由として、中流域の農業作物が従来の小麦やトウモロコシといった糧食作物から、野菜や綿花などの換金作物へ変化したことがあげられる。換金作物、特に野菜などを育てるためには、糧食作物と違い、週に一回程度の高い頻度で灌漑をする必要がある。しかし水利管理局に管理されている河川水の灌漑は、農民が自由にその頻度を決めることができない。その点、地下水は自由に灌漑をすることができるというメリットがあったのである。地下水利用が増加するのは当然であろう。

地下水には水利権が設定されていなかった。河川水利用の水利権を持っていない新規移住者である牧民達も、井戸を掘りさえすれば(それだけの資金的手当ができれば)、水を得ることができた。したがって、移住してきた牧民達も家畜飼料栽培のためには、地下水に頼らざるを得なかったのである。

こうして、地下水の揚水量は一九八〇年以降の二〇年間で六倍にも増加した。地下水利用の増大によって中流域の地下水位は急激に低下した。その結果、便宜的に掘られる浅い井戸では水が得られなくなってきた。しかし井戸掘削の技術の進歩によって、数十メートルという深井戸の開鑿が可能な時代でもあった。深井戸の掘削と深層地下水のくみ上げが活発に行われるようになってきたのである。こうして、現在も地下水位は低下の一途をたどっている。

深井戸の水の安定同位体組成をわれわれが分析した結果、その水は少なくとも数百年前に祁連山脈の高みに降った降水であると推定できた。このことは、深井戸からの揚水によって失われつつある地下水資源は、いったん失われればその回復には数百年の時間がかかることを示唆している。そしてその地下水資源を食いつぶすことによって、中流域の農業も、環境のためということで移住させられた牧民達の生活も、ともに成り立っているという現状なのである。つまり、環境保全・保護政策が新たな水需要を生み出し、そのつけが中流域の地下水資源に回されているということもできる。

これらの変化は、中流域におけるプロジェクトメンバーによる文化人類学的あるいは社会学的調査に加えて、水循環の様子がどのように変化したのかという、水文学的な調査によって明らかになったものである。社会の変化の調査を担ったのは、学術振興会の特別研究員として地球研に滞在していたマイリーサさんや鹿児島大学から東北大学へと移った中村知子さん、当時民族学博物館に在籍していたシンジルトさん達である。後者である水循環過程の定量的変化の調査を担ったのは、窪田順平さんを中心として、中国・河海大学の陳菁さん、京都大学の大学院生であった山崎祐介さん、長野宇規さん達である。後には筑波大学の辻村真貴さんや同大学院の安部豊さんなどによる調査も行われた。

こんなことがあった。山崎祐介さんは様々な農作物の葉っぱから、どの程度水が蒸散しているか、農地の土壌からはどの程度の水が蒸発しているかなど、張掖オアシスでの詳細な水の動きを観測していた。ねらいは、河川水のうちどれだけの量を灌漑に利用しているか、そのうち、作物の生育に使われた後どれだけが地表から大気へと戻っていくか(蒸発散量)、どれだけが地下に浸透して地下水の涵養に使われているか、などのいわゆる水循環過程およびその変化の量的把握である。

山岳地からオアシスに流入する河川水の流量やオアシスから下流側への流出量、灌漑のための河川からの取水量などは中国水路部の現地出先機関などが連続的に観測しており、それらのデータは自分たちで測定しないでも中国側から提供してもらえるめどがついていた。問題は灌漑農地からの蒸発散量や地下への浸透量の定量化であった。中国ではこのような観測は実施されていない。そこで、山崎さんが現地に長期間住み込んで、微気象的な観測や水文学的計測に加えて、種類の異なる作物の葉からの蒸散量や畑地からの蒸発量の測定をおこなっていたのである。

いっぽう中村知子さんも長期間現地に住み込んで、オアシス農業にかかわる農民の収入構造や作物選定の理由や経緯、そのために必要な灌漑のやり方などの、いわば人間活動に関する調査をおこなっていた。つまり、素過程解析班に属する、まさに理系と文系の二人が長期間同じ釜の飯を食いつつ、同じ場所でまったく異なる視点での調査をおこなっていたのであった。

山崎さん達による水文学的調査は、観測測器をオアシスのあちこちに設置して水蒸気量の分布などを計測し、そのデータを定量的に解析することによって、オアシス全体からの蒸発散量を推定しようという試みである。そのためには、代表的な土地利用毎の蒸発散量を求めるとともに、土地利用の分布を知ることによってオアシス全体としての値を推定しようと考えていた。そこで、人間活動を調べていた中村さんに対して、オアシス全体での土地利用の実態把握をして欲しいと希望していた。

これに対して中村さんは、農民からの聞き取り調査が主たるデータ取得手法である。その手法で全貌を知ることができるのは、せいぜい二〇〇人程度の社会にしかすぎない。調査対象であった張掖というオアシスの人口は限定的に絞っても五〇万人を超える。従来の手法を使ってこれだけの人を対象として調査をおこなうのは現実的ではないし、上述の水文学的なニーズに応えるのは不可能である。そこで以下のようなやり方を採用したという。

まず聞き取り調査を行う地域範囲を選定する作業をおこなった。その過程で、農作業をおこなう社会単位や作物を選定する社会単位、灌漑をおこなう単位などの社会構造が見えてきたとのこと。特に、求められた土地利用を把握するには、村の上の行政単位である郷や鎮が鍵となること、また水利用には灌漑区だけではなく、水路との位置関係が鍵になる、というような知見が得られてきたという。これらの社会構造を把握したうえで、オアシス全体を区分して、聞き取りをおこなうポイントを選定して五〇カ所前後の地点で聞き取り調査を実施。その結果を、リモートセンシングデータの解析が得意な奈良女子大学の渡辺三津子さんの協力も得て、地図上にプロットしてオアシス全体の土地利用とその変化を理解することができたのである。

このことは、文化人類学というバックグラウンドを持つ中村さんが、水文学的なニーズに応えるために自らの守備範囲を広げ、いわば社会経済学的な調査手法を自ら開発していった過程が見て取れる。このことは、自らは持っていなかった問題意識を、水文学をバックグラウンドとする山崎さんから設定されたことによって、自らの手法の利点を生かす新たな課題を拓いたということもできると思う。張掖オアシスにおける社会経済学的調査は、中国の研究者を中心とするアンケート調査などとして別途おこなってはいたが、山崎さんと中村さんという全く異分野の研究者が目的意識を共有することによって、研究者個人がその学問的枠組みを広げることができたという副次的な成果が得られたと考えることができるのである。

下流域では、プロジェクトの開始時に額済納を紹介した小長谷さんに加えて、当時名古屋大学の大学院生であった児玉香菜子さん（文化人類学）や秋山知宏さん（水文学）などの調査がおこなわれた。さらに、岡山大学の吉川賢さんや石井義朗さん、同大学の大学院生の門田有佳子さん、北海道大学の三木直子さん、などの河畔林の生態解明を目指すチームの調査もおこなわれた。北海道大学の中塚武さんは河畔林の年輪解析によってかつての水環境復元を試みた。後には、中国のNGOである阿拉善SEE生態協会の鄧儀さんや丁平君さん達による生態移民の移民後の暮らしの調査も実施した。

彼らの調査の結果、生態移民政策にともなって、水資源とりわけ地下水の枯渇問題や牧民の経済問題が生じていることなどが見えてきた。

地下水資源の減少は、基本的に中流域で生じたこととほぼ同様である。一九六〇年代以降、多くの漢人の流入により、下流域でも農業開発が活発に行われるようになっていた。しかも、生態移民政策によって移民村に定住することになった牧民もまた家畜の飼料を栽培する必要が出てきていた。さらにそれに拍車をかけたのが、植林である。下流域でも、美しい景観を求めて、植林がおこなわれ始めていた。年間降水量が五〇ミリ以下の黒河下流域での植林は、木々の生育に必要な水をすべて人為的な水散布の継続によってまかなう必要があるのである。これらのことによって水消費量が増加していたのである。

しかも、黒河の河川流量は中流域による消費量の増大によって激減し、額済納（エチナ）オアシスまで届かない状況であったのは前述の通りである。月水量調度工作会議による調停によって下流域に流れてくる河川水の量は増加したが、その水は基本的には末端湖の復元に使われるために、現地の人々の使用量の増加をまかなうわけではないのだ。したがって、下流域における水消費量の増加はもっぱら地下水のくみ上げによってまかなうしかなかったのだ。その結果、下流域においても急激な地下水位の低下が顕著になってきていたのである。

生態移民政策の対象となった牧民達はその生活を大きく変えざるを得なかった。彼らの対応は以下のように大別される。①あくまで遊牧にこだわり、移民村への移住を拒んで天然の草原が残っている新天地へと移住した人々、②移民村へ移住して家畜の畜舎飼をすることにした人々、③従来飼っていた羊や山羊を手放し、豚や鶏など他の動物の飼育へと転向した人々、④動物の飼育を止め、農業もしくは商店の経営など今までと全く異なる生業へ付いた人々、などである。詳細は述べないが、一部の例外的な人をのぞけば、彼らの収入は概して減少した。彼らには生態移民への代替として支援金が支払われたが、それもいつまで続くのか不明であった。最終的にどのような結末になるのかは、今もってわからない。

第八章　**総合学問としての地球環境学と歴史学**

学際的、総合的研究の課題

前章までは、異分野の研究者の協働によって生み出された個別の成果をいくつか述べてきた。ここでは、専門の異なる研究者が共通の問題意識を持ちつつ取り組む学際的、総合的研究の持つ課題について考えてみたい。

問題点としてよく指摘されるのは、異分野の研究者の間では言葉が通じないという点である。確かに、専門が違う研究者が集う研究会で、特定の分野特有の専門用語を用いれば、当然ながら通じない。しかし、外国語であってもその国にしばらく暮らせばいつの間にかその言語が多少はわかるようになるのと同様に、(専門性に付帯する)言語が異なるということは大きな問題だとは思えなかった。まして、オアシスプロジェクトの全体集会や歴史復元班、あるいは素過程解析班それぞれの研究会など、文系と理系の研究者がともに集う会合では、専門用語をなるべく使わないということに発言者が努力を傾注していたし、誰かがつい使ってしまった場合でも聴衆の誰もが臆することなくその意味を質問できる、という雰囲気があったために、まったく問題はなかった。

逆に、使ってしまった専門用語について質問されて、その意味を専門外の人にわかりやすく答えられないというケースもあった。そういう場合は、その用語を使った人自身が、自らその意味を改めて問い直す契機になったという効果もあった。自らの専門分野の用語の使用に慣れすぎていたがために、しっかりその意味を自分自身が把握していなかったということを気付かされた場合でもあったのである。

それぞれの専門分野特有の言葉の場合はこの通りだが、分野によって同じ言葉で異なる概念を表現する場合もある。その時は、「言葉が通じない」ことが誤解のもとにもなり、共同研究の根源的な問題として顕在化する場合もあるかもしれない。オアシスプロジェクトの場合にはこの問題は感じられなかったが、一般論として拡大する場合には問題となるかもしれない。

それよりも大きな問題は、第二章でも述べたが、「隣の芝生は青く見える」という点である。つまり、自らと全く異なる専門の人がもたらす情報は、「真理」に思えるのである。提供された情報の確からしさや、その結論を導く時に設定した仮定などを、専門が異なるが故に自らで吟味することができないがために、その結論だけを信じてしまう。その結論が、自らがそうあって欲しかった「事実」や「結論」の場合には特にそうである。

この弊害を回避するには、一種のピアレビューの場に居合わせる必要がある。つまり、提供された話題をその分野の別の専門家が吟味する場を設定するに如くはない。その結論を導く過程や暗に設定した仮定などを別の専門家が吟味する様子を見ることによって、いかにいい加減な結論なのか、あやふやな仮定に基づいているのかなどを知ることができて、結論の「危うさ」や「確からしさ」を専門外の研究者も実感することができるからである。

言いかえれば、必要な専門分野について、複数の研究者を巻き込んでおくことが肝要である。ある分野を代表して一人の研究者だけが参加していれば、その人の論理や結論、見つけた「事実」を誰も吟味できないという状況になってしまう。結果として、その「事実」や「結論」が独り歩きすることになるからである。

もうひとつ。わたしがオアシスプロジェクトを遂行する過程でよく問題にしたのは、文系と理系では「作法」が違う、という点である。この「作法」についてはやや説明を要する。

文系の研究者が著わす論文や書籍は単著のものが多い。これに対して理系の論文などは、単著のものもあるが、多くの場合複数の著者による共著という形をとる。この違いは、それぞれの学問が目指しているものの違いという本質にかかわっている可能性がある。

一般に、理系の論文等で述べようとするのは、研究の結果として得られた新たな事実の発見であることが多い。これに対して、文系の著作物で表現しようとしているものは、研究の結果として生まれた新たな考え方、視点、枠組みについて、説得性を持って提示することではなかろうか。少なくとも、それを目指しているように感じていた。

前者の場合には、その事実に行きつくために貢献したほとんどすべての人が著者として名前を連ねる。建前上は、その中のだれ一人を欠いてもその事実には行きつかなかったのだから、すべての人がその事実を導き出したことに対する貢献者であると宣言するという意味もあろう。同時に、著者の一人ひとりがその事実が真実であるかどうかに対して責任の一端を担うのである。そのうちの誰か一人でも間違っていれば、最終的に得られた結論が間違っていたことになるからである。

文系の場合は、事実の発見というよりは、様々な事実を集めて全体を眺めた結果として新たなパラダイムなどを作りだすことができた時に、そのことを著作物で表現し提示しようとするのではないか、と思っていた。文系の「一人総合」といわれるゆえんである。こういう場合は、複数の人間の議論の総括として全員が合意した上で結論を導くというよりは、一人で考え、一人で導き出すという方がやりやすいのはいうまでもなかろう。だからこそ、単著での著作物となる。単著の著作物の中でも、新書のような「薄い」ものよりは、机の上に単独に立てられるほどに分厚いものが評価される傾向にあるとのこと。

しかし、理系出身のわたしがオアシスプロジェクトの中で文系の研究者との付き合いが深くなり、その著作物などに触れる機会が増える過程で、文系の場合にも事実の発見のような著作物がかなりの部分を占めているということに気がついた。それなのにどうして単著というスタイルに、ある意味ではこだわるのだろうか。そして、その理由が「お作法」ではないかと思い到った次第である。つまり、本来目指しているのは事実の発見のような「しょうもない」ことではなく、斬新な考え方、あるいは概念、パラダイムの提示という高い次元のものでありたいという意欲の表れとして、「作法」を守る、守りたい、と考えるのではなかろうか。

茶道などでもそうであろうが、本来作法というものは、様々な枠組みや要求、合理性など一連の作業等の「心」ともいうべきことを勘案して作り出されてきたものであろう。しかしいったん出来上がると、それができた時の条件と今の条件とに違いがあろうが無かろうが、守るべきものとして提示される。そして多くの場合、条件が違うからということで作法を無視すれば全体のバランスが崩れてしまう。従来の作法を無視するということは、今の新たな条件に合致するように、関わる事象全体に目配りをして、その「心」の表現すべての手続きを再構築する必要が出てくるのである。一から作法を作り直さなければならなくなるといっても良い。つまり、様々な条件を勘案して「どうあるべきか」を一から構築するという大変な作業をするよりも、「こうあるべきである」という、出来上がった作法を順守する方が楽であり、また無難なのである。

この作法の違いは、研究成果の評価に深く関わっている。研究者は一般にその成果を高く評価してもらいたいと思っているため、「高い評価」を目指すことが研究の強い動機ともなるからである。

「事実の発見」を中心とする理系の研究分野では、ピアレビューという手続きを原則として、理系の研究として賞賛される「先端的な成果」として認知され、評価される。書籍の刊行の場合には、ピアレビューというチェックが全くないわけではないが、その手続きが比較的少ない。したがって、単行本の出版などによる成果の発表は、理系の場合特に「先端的な成果」だとは一般に思われないことが多い。文系のケースでは、「本来目指すべきである、高い次元の思索の成果」が、量的に限られる雑誌等の「論文」などで表現できる筈もなく、机の上に立つことができるほどの分厚い本の出版にならざるを得ないし、またそういうものこそが望ましいと考えられて、高く評価されもするのである。

総合的研究の未来

文系の研究者にとっての研究は、少なくとも意欲と言う意味では、個々の事実を明らかにするというよりは、「明らかになった多くの事実」をもとにして、新しい考え方や概念、パラダイムを考察するところから始まる。「理系は文系の僕《しもべ》よ」と当時わたしが後輩に当たる理系の研究者にしばしば言っていたのは、そういう意味である。

従来の問題は、「明らかになった多くの事実」というものの中に、理系の研究で得られた事実という席がなかったということがまず挙げられるかもしれない。文系、理系にまたがる総合的研究の有利な点、アドバンテージは、文系的手段と理系的手段で得られる両方の事実を積み上げることができるという点であろう。

しかし理系の研究者もただ事実の発見だけを目指して研究してきたわけではない。明らかになった多くの事実をもとに、新しい考え方や概念、パラダイムを提示してきたケースも多々ある。文系でも事実の提示という論文が多いということに気づいてからは特に、理系、文系を問わずおよそ学問には事実の提示という段階と、それらを総合して説得性のある考え方を提示するという段階との二つの段階があると考える方が分かりやすいと思うようになってきた。第二段階を担うのは、背景が文系の分野である研究者である必要もなければ、理系出身の研究者である必要もない。

もちろん、すべての研究者が第二の段階を担う必要があるわけでもない。しかしながら、学際的研究に限られる話ではないが、第二段階の研究を担うことのできる人材が極めて限られているということが問題なのではなかろうか。

そう考えれば、学際的、総合的研究のもつ課題は、文系、理系を問わず、得られたあるいは明らかになった関連する事実の積み上げの中で、それらを総合的に咀嚼して新しい考え方や概念、パラダイムを、説得性を持って提示するという第二段階の研究をいかに進めるかということであろう。素材となる事実を得る手段が文系の学問であろうが、理系の学問であろうが関係ないのである。

研究プロジェクトとして課題が設定されれば、理系的手法で得られようが文系的手法で得られようが、そのことに関連する事実を積み上げ、それらを吟味して設定した課題に迫る、ということである。学際的、総合的研究をするということは目的ではない。設定課題の解決に必要な分野の知恵を総動員して対応するというだけのことである。文系的手法による知見だけで事足りる場合も多いし、理系的手法だけで事足りる課題もある。人間について考える課題を設定した場合は前者だろうし、自然の摂理に関する課題の場合は後者であろう。しかし、地球環境問題や歴史の問題など両者に係る課題に対しては総合的に取り組まざるを得ず、両者にまたがらざるを得ない、というだけである。問題があるとすれば、両者の知恵が必要な場合でも、自らが属する従来の分野に閉じてしまいがちである、という点だけであろう。

研究者の世界は同業者組合というか、一種のギルド的な色合いが濃い。外国に行っても、専門が同じ研究者であれば、今まで会ったこともなく、名前だけしか知らなかった研究者を突然訪ねても、実に手厚くもてなしてくれる。そして、現在取り組んでいる研究課題や問題の所在、突き当っている壁などについて熱く語るのだ。同種の問題に取り組む「仲間」だという意識が非常に強いのである。ましてや、何回も議論を闘わせたことのある「仲間」であれば、何事であれ多少の無理は聞いてくれる。研究者の世界でも「こね」は大切なのである。

オアシスプロジェクトに参加した若い研究者の多くが口を揃えて、専門が全く異なる多くの仲間と知り合えたことが最も有意義だったという。彼らの中では、従来の専門分野を突き詰めて、その分野の碩学への道を突き進む人もいるであろう。その場合でも、その世界とは全く無縁と思われる分野の研究者とともに議論を闘わせつつ過ごした経験は、必ずやその糧となるに違いない。とりわけ、前項で述べた第二段階の研究には、単一の専門分野の中の問題であっても、いわゆる「教養」は不可欠だからである。その場合は特に、具体的に何かを知りたいことが生じたときに、多くの分野の研究者に「こね」があるということは実に強力な武器を持っていることになるのだ。

人によっては、学際的研究、あるいは総合的研究の道を進むかもしれない。オアシスプロジェクトでの経験では、若い人は実に柔軟だということをとても強く感じた。ある程度出来上がった研究者に比べて、異分野の学問に対する理解も早いし、自らの専門とは違う世界に打って出て、従来の専門に加えて第二、第三の専門分野を習得しようと考える人も現れる。

オアシスプロジェクトの最大の成果の一つは、これらの若者が生き生きと育って来てくれたことではなかろうか。こう考えると、文系と理系の研究者の協働による総合的研究の未来は実に明るい。

しかし問題もある。研究評価という観点では、上で述べた第二段階の吟味が充分になされた研究プロジェクトこそが、その成果を高く評価されるべきであろう。それぞれに分かれた各専門分野における先端的研究成果の評価は、ピアレビューを基本とする専門雑誌への掲載評価などを基本として、システム化されて機能していると思われる。しかし、学際的研究を含んで、総合的な研究の評価システムは、残念ながらまだ確立されていないのが現状であろう。そういう意味では、総合的研究は、高い評価を得たいという動機、インセンティブなしでおこなわれていることになる。つまり、そういう取り組みがおもしろいという、研究者個々人の学問的探究心のみに依存しているのが現状なのである。

そういう時代には、かかわる研究者としては実におもしろい時代を生きることができることになる。高い評価を追い求めているとも思われないし、流行でないということもあって、学問的なフロンティアに関わることができているという満足感を満たすことができるからである。

しかし学問一般の時代的変遷として考えると、今の状況は、総合的研究が学術研究の主流であるとはいえない。主流であるためには、個人的意欲、インセンティブに加えて、評価システムの確立によって、多くの研究者がマジョリティーとして関わる時代になるまで待つ必要があろう。そういう意味では、評価システムができあがっていない段階にある総合的研究の将来が前途洋々であるという訳ではない。

総合的な研究というものの重要性が指摘されるようになってきたのは比較的最近である。したがって、縷々述べてきた総合的研究に今取り組んでいる研究者達は、それまではそれぞれに分化した専門分野において教育を受けて育ってきたという過去がある。だからこそ、自分の知らない分野に属する多くの専門家を巻き込み、設定した課題に総合的に取り組もうと努力している。わたし自身を含め、上述したようにプロジェクトに参加して生き生きと育ってきたと感じる若者達もそうである。

現在このような総合的研究に取り組んでいる研究者達は、個々の専門教育をそれぞれに受けてきたという意味では、いわば第一世代である。しかし、教育の場として総合的研究に参加してきた、いわば第二世代に相当するさらに若い世代は、総合的取り組みの実例を目の当たりにし、そのことによって一種の教育を受ける代わりに、従来の意味での専門教育を受けないことになる。

彼らのよって立つ基盤、あるいは研究者としてのアイデンティティーとはいったい何なのだろうか。

この問題は、地球環境学や歴史学に加えて、総合的な取り組みが不可欠な地域研究にも通じるような気がする。地域研究でも、様々な専門分野の研究を持ち寄ることにより、ある特定の地域をトータルに理解しようとする。この場合も、第一世代は、自らの専門分野による取り組みを基盤として、他の専門領域の研究者が得る成果とを合わせて、その地域を探るのである。この最後の段階が、前述した第二段階の研究ということになろうか。

しかし地域研究の現状を見ると、対象地域をトータルに理解しようという、いわば第二段階の吟味だけが最終目標ではないようだ。ある特定の専門分野的な理解が、他の研究分野で得られる知見と矛盾せず、あるいは支持されるというチェックを得て、はじめに設定した課題に迫るという研究も多い。

つまり、上記の第二段階の研究が最終目標だとは限らないともいえる。これらはすべて、はじめに設定した課題次第であろう。したがって、前項で述べたように、総合的研究を第一段階および第二段階というように不連続に定義する必要はないのかもしれない。極端な研究課題はどちらかに設定できるかもしれないが、いわば研究に対する取り組み方や研究課題の設定そのものも、研究課題の内容と同様に、多様性があるべきではないかと考えるに至った。多様な世の中のニーズに学問の世界が応えるためには、第一段階の研究も、第二段階の研究も、そしてその中間に当たる様々な研究も、それぞれに存在意義があり、そのどれをも廃することなく、自由に、独創的に、認められるべきであろう。

とはいえ、先に述べたように、全体を見渡して吟味するという第二段階の研究に相当する研究は比較的少ないし、きわめて重要であることに変わりはない。地球環境学にしろ歴史学にしろ、このような総合的研究に対する評価システムを真摯に検討し、奨励、推進する方策を実現することが急務であると思われる。社会が求めているのは、それぞれに分化した個々の専門的な分析結果だけではなく、全体を見渡した総合的研究による包括的な検討結果であることは疑いの余地がないからである。

あとがき

昨年二〇一四年は特に災害が多い年だったような気がする。年の初めには、積雪を見ることがまれな埼玉、東京、群馬、山梨など、関東甲信地方を大雪が襲った。様々な交通障害に加えて、雪が積もることを想定していないビニールハウスなどに多大な被害をもたらした。春を過ぎてからは、集中豪雨とそれによる大規模な土砂災害が南木曾や広島地方ほか各地におき、たくさんの方々が亡くなるとともに多くの家屋が被害を受けた。また秋には火山噴火による戦後最多の犠牲者を生み出した御嶽の噴火。さらにフォッサマグナ付近を震源とする地震によって長野県北部地方が被災した。十二月には、災害年を締めくくるような大寒波が数度にわたって襲来し、本州の日本海側や北海道地方に異常な量の降雪・積雪現象が生じて大きな被害をもたらした。

最近の日本列島は文字通り災害列島となった感がある。なかでも、二〇一一年三月十一日におきた東日本大震災では、大規模な地震と引き続く津波のために、一万五千人を超える方々が亡くなった。このことに追い打ちをかけたのが、地震あるいは津波のためにおきた福島原発事故である。これら一連の災害による被災者は膨大な数に上り、物質的にも、精神的にも甚大な被害が広範な地域で生じ、わが国の災害史上特筆すべき出来事となった。

福島原発事故を含む東日本大震災はその被害規模や被災範囲が極端に大きく、また広く、被災後四年目を迎えようという現在でも、復興は未だ道半ばである。被災者や被災地への支援、復旧・復興への一層の努力が強く求められるところである。これらの社会的要請やそれへの対応を迅速かつ適切に行うことの重要性はいうをまたない。

加えて、東日本大震災はわが国の防災研究のあり方に大きな質的変革をもたらした。従来は、防災研究はそれぞれの災害の発生メカニズム研究が中心であった。それにより個々の災害の発生予測が可能となり、その結果として防御や軽減などの災害対策をおこなうことができるという考え方が主流であったのである。研究を担っていたのは、地震学者や海洋学者、火山学者、気象学者などそれぞれの災害の発生メカニズムに関わる、主として理系の研究者であった。

この考え方は、東日本大震災によって一変したといって良い。大震災の半年後二〇一一年の秋には、地震・津波を含む自然現象の科学的解明や、それらを基礎とした防災・減災技術向上を目指す研究者が集う日本地球惑星科学連合によって次のような声明が発表された。いわく「地震発生予測に依存しない防災体制や、災害に強い土地利用・社会基盤の確立が重要」であり、「地球科学者や防災学者のみではなく」、「総合的かつ機動的な初動対応や迅速かつ的確な情報発信について(あらかじめ)検討しておくべき」であり、「地球惑星科学関連学協会は、互いの連携を強化して、こうした検討に多角的な貢献をしていきます」と締めくくっている。

つまり防災・減災に関する研究分野は、従来考えられていたような狭い分野の専門家がカバーする研究領域というよりは、自然科学領域に限らず人文系や社会科学系の領域をも含む研究者達の協働による総合学問という見直しをおこなうべきであるというメッセージである。本書で述べてきた歴史学や地球環境学と同様に、防災研究もまた総合的に実施する研究であるということである。さらに、災害を防御し軽減するという目的意識を鮮明にした上で研究計画を策定すべきだということとも強く意識されてきた。

かつて一九八〇年代後半のバブル期頃に日本各地のリゾート地開発が活発におこなわれた。その一環として雪国各地に多くのスキー場がオープンし、スキー場の雪崩災害が多発するようになったことがある。この現象は、当時の気象状況が変化して雪崩が多発するようになってきたのではない。今まで人があまり入っていなかった場所に新たにスキー場ができることによって雪崩災害が起きるようになったと考えられる。その地では昔から雪崩現象は生じていたのである。雪崩が生じてはいても、人がそれに巻き込まれなければ雪崩災害にはならない。たとえば人跡未踏の南極の山で雪崩がどれだけ発生していても、雪崩災害はゼロである。つまり、雪崩が生じているところに人が近づき、人の活動がおこなわれるようになることによって、雪崩災害というものが生まれたといえるのである。

昨年おきた様々な災害の場合でも、地方の過疎化や独り暮らしの高齢者世帯の増加など昨今の社会の変化が大きく影響しているように思える。たとえば、若者がおこなっていた屋根の雪下ろしを年寄りがせざるを得ない世帯構成になってきたことによって被災者が増えた除雪事故。過疎化が進む中山間地などでは、震災や土砂災害などを問わず、ちょっとした災害であっても孤立集落に陥りやすく、被害が増幅されることになるのである。

長野県北部地震の時に、白馬村では最大震度が六弱もあり多くの家屋が倒壊した。にもかかわらず、亡くなった方が一人もいなかったことは不幸中の幸いであった。このことは、倒壊家屋の下敷きになって取り残された住民を近所の住民が協力して素早く救出したことが原因だと考えられている。つまり、住民間のつながりの強さともいえるソーシャルキャピタル(社会関係資本)が地域に醸成されていたことによって、被害を少なくすることができたという例であろう。東日本大震災からの復興過程でも、伝統的な祭りを持っていた地域の方がそうでない地域よりも復興速度が速いという研究がある。祭りの復活を通じて復興に勢いがついたという。このことも、習慣的に挨拶を交わし、日常的に支え合うというような地域住民相互のつながりの強さが復興を加速させているといえるのではないだろうか。人の精神構造や社会システムのあり方が自然災害への地域の防災力に強く影響しているということである。

こう考えると、いわゆる自然災害が、ひとり自然現象によるものだと考えることはできない。自然現象と人の営みとの関わり、つまり人と自然との相互作用の結果として生じていると考えることができる。本書の冒頭に、地球環境学が人と自然の相互作用環を調べることから始まると述べたが、防災研究もまた同様に、人と自然の相互作用を調べることが重要であり、必要なすべての研究分野を糾合して事に当たる必要があるのである。

近年の学問の発展は、専門分野の分化が極端に進行することによって成し遂げられてきたといえよう。しかしその一方で、専門化の副作用として、全体像が見えないという弊害が指摘されてきている。本書で述べてきたように、歴史学や地球環境学、地域研究や防災研究などは、研究分野の専門化とは逆に、いわゆる総合研究として立ち向かわなければならないと考える。つまり総合的な研究分野では、多分野の研究者による協働研究を遂行することによってのみ、求められる成果が得られるということを肝に銘じたい。現状としてはそのやり方が確立されているとはいいがたい総合研究というものに対する、試行を含めた取り組みが今後幾分でも盛んになれば望外の幸せである。

本書に述べてきたように、オアシスプロジェクトには実に多くの方々に様々な形で関わって頂いた。プロジェクトを支えて頂いた皆さんの協力によって、多分野の研究者による協働研究のあり方を、実践を通して考えることができた。オアシスプロジェクトを題材にして、総合研究というものを考える本書の執筆を山川出版社から依頼されたのは、地球研の発足数年後の二〇〇〇年代半ばのことである。執筆を強く勧めてくださったのは京都大学の杉山正明さんであった。加えて杉山さんには本書の解説記事執筆の労をとっても頂いた。山川出版社編集部には、十年以上も辛抱強く原稿を待って頂いた。これらの方々に対して深甚な謝意を表したい。

二〇一五年一月

中尾 正義

地球環境学への架橋——文と理の出会いと融合

杉山正明

人は誰であれ夢を描き、夢を追う。むしろ、夢をもたぬまま生きてゆくことは、まことにむずかしい。それがどんなに、ささやかな夢であろうとも。そのいっぽう、夢を実現できた人もいれば、そうはならなかった人もいる。むしろ、夢をつかむ人のほうが少ないかもしれない。とはいえ、とにかく夢見る人は幸せだろう。不十分であっても、夢の途中にはいるのだから。

世に、研究者という名の不可思議な人々がいる。もとより、そのあり方は実にさまざま。人の数だけ学問・学術というなにかが存在するといってもいいのかもしれない。ともかく、そうした人たちはどこか人間ばなれというか、浮き世ばなれしたところがある。まあ、そんなことをいうと、おまえもそのひとりではないかといわれそうではあるが。

さて、本書の著者である中尾正義さんも、その点では屈指の夢追い人といっていいのかもしれない。なにせ、地球環境学という、やたらにスケールが大きく、かつは率直にいってまことに茫漠たる分野というか、いや分野どころか、地球環境全体を巨細にひっくるめて総括し、次なる地球環境を構想しようというのだから。ひとつ間違えれば、かのドイツの作家ビュルガー描く「法螺吹き男爵」めいたことにもなりかねない部分も出現するかもしれない。いや、これはいいすぎですね。

そもそものところは、国家レヴェル、いや世界レヴェルで地球温暖化なるものが、やたらにかまびすしくいわれだしたころのこと。日本も御多分に洩れず、まあ賑やかなことになった。まさに、「時はいま」といった印象ではあった。ともかく、世界の主要国がほぼ一斉に走り出した。だが、それぞれの国々がはたしてどれほどの目算があってのことだったのか。こういうことは、所詮は雰囲気とか気分とかいったあてどもないものだったのかもしれない。もっとストレートにいえば、かなり巨額の資金が投じられるというところにこそ「みそ」があったのかもしれない。

かくて、さまざまな企画や求めが浮上した。その結果、そうしたことに引っかかりがありそうなセクションや人々が、まことに茫漠としたわけのわからない領域に踏み込むことになった。どちらかというと、われもわれもといった印象ではあった。もちろん、真剣にやろうと決意した人が沢山いたには違いないだろう。しかし、そこで扱われるエリアとか具体的な対象・テーマが定かにフォーカスされていたのかどうか。縁なき衆生としては、よくはわかりません。そもそも、地球環境を問うのだから、対象となるところは広大無辺。ほとんど地表全体をおおうことにならざるをえない。どう考えても、ひとりやふたりどころか、余程のメンバーやスタッフをまさに文字どおりずらりと揃えなければ到底、なにをかもなしえるものではない。なにも知らない人間としては、そう思うしかなかった。

いや、そのうちの幾らかの事柄やテーマについては、まあそれはそれなりに多少なりとも成果らしきものも、僅かながらにはあったらしい。そのあたり、筆者は十分には心得ていない。しかし、そうしたものも所詮は、いわゆる「九牛の一毛」に近いものであった。ありていにいえば、データとしてはほとんど断片やかけらといってもいいすぎではない程度の備えと経験に、その他もろもろの雑駁なかたまりをよりあわせた程度のものであったか。まあ、ようするに「これから」なのであった。そうしたもろもろを引き受けた中尾さんとその周辺の人たちは、まことに大胆至極であったといっていいか。

さて、さまざまなよしなしごとは捨象、もしくは省略させていただき、なによりも突如として出現することになったそのセクションは、「総合地球環境学研究所」といった。ポイントとなるこの研究所の創設のなりゆきについては、中尾さん御自身がまさに本書のなかで明確に述べておられる。まあ、ありていにいえば、今から考えてみてもいわゆる「騎虎《きこ》の勢い」というかなんというか、ようするに事柄というものは一旦どこかではじけてしまうと、一気呵成に動くものであることを、傍観者たるわたくしは遙か彼方から眺めていた。ところがしばらくして、一体どういうことであったのか、およそこうしたことに純乎《じゅんこ》として無縁であるはずのわたくしのところへも、妙な打診がきたのであった。ようするに、なんらかの協力をせよとのことである。冗談ではない。いわゆる文系などは、常日頃から暢気に暮らしていると思われているのだろうが、それは一部の人間のことであって全くの誤解。少なくともわたくしは、いわゆる世界史というものをひっくりかえすべく、あれこれと必死であった。ようするに迷惑なのであった。

もとより、お断わりをするつもりだった。ところがなんと、そのリーダーは日高敏隆さんだという。ふりかえって、いわゆる大学紛争直後世代のわたくしたちは、大学なるものに入ったものの、とにかく授業はほとんどないし、ヘルメットをかぶって薄汚いタオルで口をおおった竹槍集団がチャンバラごっこの挙句に、しばしば斃死していた。全く阿呆くさく、「シンデレラ」とあきれかえるほかはなかった。ちなみにその年、かの三島由紀夫の割腹自殺などもあって、まああれこれと騒々しかった。そんな時、日高先生とめぐり合った。この人は、「もの」が違うと瞬時におもった。まことに不思議な御縁であった。その日高先生がある時、「おまえ手伝え」といってきたのであった。わけがわからなかったが、日高さんがそういうのだから仕方がない。これはやるしかないなと臍《ほぞ》を決めた。その機関は「地球研」というのであった。そして、それから日ならずして、中尾さんにもお会いした。じつに物腰は柔らかだったが、目は笑っていなかった。これは本気だなと思った。かくて、おふたりとともに進むしかほかはなくなった。

それからのことは、すべて虹の彼方にある。総合地球環境学研究所のみなさんと、わたくしを含めた広い意味でのいわゆる「文系」の人間たち、さらには多国籍の面々が、いささか失礼ながら老若男女もろもろあいつどい、まさに口角あわを飛ばし、さまざまに論じ立て、時にはまたそれぞれの方々が甘やかな夢を語った。その様子は、まさにいわゆる梁山泊をおもわせるところがあった(なお、京大百万遍近くにその名を掲げる酒亭があるが、もとより無関係)。ちなみに、発足当初はしかるべき「住まい」もなく、しばらく京都大学での仮住まいのあと、丸太町通りに面する春日小学校跡地にてスタートした。骨太の木造校舎は独特の風情があり、廊下を歩みゆくとキシキシと鳴るのも悪くはなかった。たしか、日高さんにいっそのこと、このままここに居坐ったらどうですかといった覚えがある。

多分、中尾さんの発案だったと思うが、順次それぞれコンフェッションという名のスピーチを自己紹介も兼ねてやっていこうということになった。ちなみに、わたくしは、中学野球のころからトップバッターと相場が決まっていて、この時についても中尾さんの深謀遠慮のままに、最初のスピーチというか、ガイダンスというべきか、まあようするに地球研の発足にあたってのたたき台として、第一回目の話題提供者という名の「いけにえ」にされることになった。まったく中尾さんはことほどさようにたくみな人で、やむなく「歴史学と環境学の間」とかいったタイトルのもと、あれこれ思い浮かぶまま雑駁なことを申し述べた。一回目ということもあり、まあ皆さんやたらに元気で、あれこれとさまざまな質問があり、ああ地球研の前途は洋々たるものがあるなと深く感じた。その後に重ねられた発表・検討会・講演など、数々の思い出は尽きない。まあそれも、日高さんという魅力あふれる洒脱な人と、中尾さんという人あしらいの達人で、決して他人を不愉快にさせないという絶妙の配剤があればこそのことであった。

あえてもう少しつけ足すと、とにもかくにも中尾さんは大変な「人好き」であることだった。内外・男女を問わず、さまざまな人々が入れかわり立ちかわりやってくるなかで、嫌な顔ひとつも見せず、実に懇切・丁寧に対応し、しかもそれで飽きるということがなかった。余程、人間ができているのである。ちなみにわたしくしはその正反対で、ぐずぐずと居坐られると、すぐに嫌気がさす。ようするに、人間が出来ていないのである。昨年、闘病のはてに五月末に他界した妻が、あんたはいつまでたっても子どものままねとなげいていたが、まさにその通りと今になって反省しているものの、もはや及ばない。ひるがえって、若い研究者という人たちは、文字どおり「坂の上の雲」を仰いで、前むきに生きている。しかし、若いだけに気分に浮き沈みがあるし、どうも男性のほうが弱い印象がある。まして、同年・同世代ともなれば、互いに対抗心を燃やすこともやむをえない。いわゆる「売り込み」めいた態度や所業もままありえる。人のもつ能力・持ち味・人柄といったものは千差万別なのだが、どうしても人の心や態度も、その時ごとに波動しがちとなる。場合によっては、ひとつ過てばつまらぬいざこざでは済まなくなることもあるかもしれない。中尾さんは、まさにそうした人あしらいの天才であった。そしてまた、とことん若い人たちの相手になってあげる姿に舌を捲いた。よほどの忍耐力というか、ようするに人間ができているのである。

本当に、人好き・人たらし（失礼！）は天性のものかもしれない。そういうと、御本人は怒るかもしれないけれど。ともかく、その結果として地球研はどこか「若者宿」とも、駈け込み寺ともいえそうな趣きとなった。その宿の亭主はもとより中尾さんである。かくて、日々着々とつちかわれた蓄積が、やがて実をむすび、現地調査においても無類の威力を発揮することとなった。そして、そうしたまとまりを踏まえつつ、現地の乾燥アジア世界における調査行へとステージは移った。ようするに、ここからが文字どおり本番なのであった。それぞれの人たちの活動・活躍ぶりは、まさに中尾さんの新著である『地球環境学と歴史学』に語られているとおりである。さまざまな調査のなかでも、とりわけポイントとなったのは、「黒水」「黒河」などであった。なお、わたくしは緊急の別用が出来《しゅったい》し、まことに残念ながら調査行に赴くことはできなくなった。メンバーの方々に、本当に申しわけない仕儀となったことに、あらためてこの場をお借りしておわびしたい。

その一方、実のところは妻と息子、そしてわたくしは、このプロジェクトが発足するよりも随分と以前に、内蒙古で半年間、暮らしたことがあり、黒河・黒水城などは文字どおり熟知していた。なお、そのあたりのことをお話しすると驚く人たちがいたが、ようするに内モンゴルの学術研究の超トップともいうべきイリンチン先生と、かつて終戦間近の東京で学生生活を送ったトップシンさん（このときは内蒙古の省長）が、わたくしども三人を徹底的にガードしてくださり、かつはしかるべき要地についてはことごとく、案内してくださったのであった。なお、そのことについては、地球研での討論会のとき、あえて触れなかった。そのあたり御容赦いただきたい。今更ながらといわれそうだが、仲々に微妙な部分もあり、ほとんどすべてに近いデータを得てはいたが、公表は見送った。これとは別に、地球研の皆さんの調査行については、いざとなればすべての現地の「水先案内」を勤めるつもりではあったものの、やはり本務校での仕事に忙殺されることとなって、まことに申しわけない仕儀となってしまった。当時の皆さんに、今ここでおわびを申し上げます。

最後にひとこと、ふたこと。地球研のプロジェクトは、まことに壮挙といっていいものであった。ただし、残念ながらほぼパミール以東のことに限られた。これはいささか残念といわざるをえない。なお、その後については、窪田さんをはじめとする方々が、たとえばアラル海のひあがりなどについて、チャレンジングな活動を展開されている。広大なユーラシア中央域を、現在の中華人民共和国の領域と、ロシア大草原とその一帯とに分けて扱っておられるのは当然のことながら、それこそユーラシア全体を総括するようなアプローチを大いに期待したい。なにせ、地球環境学という壮大きわまりないチャレンジは、実のところ世界でもっともニュートラルといっていい日本にこそ大いなる可能性があるのではないか。総合地球環境学研究所のあらたなる出番が、そこにほの見えているように思えてならない。

中尾正義　なかを まさよし
1945年生。京都大学理学部物理学科卒業。北海道大学大学院理学研究科地球物理学専攻博士課程修了。理学博士。
1985年以来，中国西北部乾燥地域での調査研究。現在大学共同利用機関法人人間文化研究機構総合地球環境学研究所名誉教授。
主要著書，共同執筆：『21世紀の環境を考える――地球・太陽・宇宙』（日刊工業新聞社1995），『大気水圏科学から見た地球温暖化』（名大出版会1996），『山の世界』（岩波書店2004），『子供たちに語るこれからの地球』（講談社2006）

図版出典　相馬秀廣氏提供　p. 67 図13
渡辺三津子氏提供　p. 91 図19，p. 93 図21
上記以外すべて著者提供

地球《ち きゅう》環境《かん きょう》学《がく》と歴史《れき し》学《がく》
シルクロード、カラ＝ホト遺跡共同調査プロジェクト体験記

2015年6月20日　1版1刷　印刷
2015年6月25日　1版1刷　発行

著　者　中尾正義《なかを まさよし》
発行者　野澤伸平
発行所　株式会社 山川出版社
〒101-0047　東京都千代田区内神田1-13-13
電話　03(3293)8131(営業)　8134(編集)
http://www.yamakawa.co.jp
振替　00120-9-43993
印刷所　株式会社 太平印刷社
製本所　株式会社 ブロケード
装幀者　菊地信義

　ISBN 978-4-634-64079-5

参考文献（日本語）

荒川慎太郎(2005)「謎の西夏語・西夏文字に挑む」(NHK 取材班監修)『新シルクロードの旅　第3巻　西安・カラホト・青海・カシュガル』講談社，p. 100-109.

井黒忍(2005)「『救荒活民類要』に見るモンゴル時代の区田法——カラホト文書解読の参考資料として」オアシス地域研究会報，オアシス地域研究会，総合地球環境学研究所，5巻1号 p. 24-52.

井黒忍(2007)「モンゴル時代区田法の技術的検討」井上充幸・加藤雄三・森谷一樹編『オアシス地域史論叢——黒河流域2000年の点描』松香堂，p. 93-122.

井上光貞(1978)「国立歴史民俗博物館の構想」文化庁月報，118，7月号，p. 4-6.

井上充幸(2005)「シルクロードの要衝から「死の都」へ」(NHK 取材班監修)『新シルクロードの旅　第3巻　西安・カラホト・青海・カシュガル』講談社，p. 91-99.

井上充幸(2007)「灌漑水路から見た黒河中流域における農地開発のあゆみ」オアシス地域研究会報，オアシス地域研究会，総合地球環境学研究所，6巻2号 p. 123-135.

井上充幸(2011)「明清時代の黒河流域——内陸アジアの辺境から中心へ」中尾正義編『オアシス地域の歴史と環境——黒河が語るヒトと自然の2000年』勉誠出版，p. 173-220.a

井上靖・岡崎敬・NHK 取材班(1980)『シルクロード絲綢之路第3巻』日本放送出版協会，p. 235.

NHK「新シルクロード」プロジェクト(編著)(2005)『新シルクロード　第4巻　青海　大地を行く　カラホト　砂に消えた西夏』NHK 出版，p. 261.

NHK 取材班(監修)(2005)『新シルクロードの旅　第3巻　西安・カラホト・青海・カシュガル　悠久の古都の路地から，天空の青い海へ』講談社，p. 159.

遠藤邦彦・斉烏雲・穆桂金・鄭祥民・村田泰輔・堀和明・相馬秀廣・高田将志(2007)「中国黒河下流域における最近3000年間の沙漠環境の変遷と人間活動」オアシス地域研究会報，オアシス地域研究会，総合地球環境学研究所，6巻2号，p. 181-199.

長田俊樹(2013)「インダス文明の文明環境史——環境決定論の陥穽」佐藤洋一郎・谷口真人編『イエローベルトの環境史——サヘルからシルクロードへ』弘文堂，p. 208-223.

尾崎孝宏(2007)「「最上流」への流入移民史と生活の現状」中尾正義・フフバートル・小長谷有紀編『中国辺境地域の50年——黒河流域の人びとから見た現代史』東

方書店，p. 63-84.
甲斐憲次(2007)『黄砂の科学』成山堂，p. 146.
窪田順平(2007)「黒河流域の自然と水利用」中尾正義・フフバートル・小長谷有紀編『中国辺境地域の50年——黒河流域の人びとから見た現代史』東方書店，p. 17-40.
窪田順平(2009)「地球環境問題としての乾燥・半乾燥地域の水問題——黒河流域における農業開発を例として」中尾正義・銭新・鄭躍軍編『中国の水環境問題　開発のもたらす水不足』勉誠出版，p. 15-30.
窪田順平(2010)「シルクロードの人と水」秋道智彌編『水と文明』昭和堂，p. 173-204.
「地球環境を黒河に探る」(2007)アジア遊学99，勉誠出版，p. 1.
長澤和俊(2005)『誇り高き王国・西夏　永遠のカラホト，700キロ』(シルクロード　歴史と人物　第16巻)講談社DVD Book，DVD & p. 61.
小長谷有紀(2005)「黒河流域における「生態移民」の始まり——内モンゴル自治区アラシャ盟エゼネ旗における事例から」小長谷有紀・シンジルト・中尾正義編『中国の環境政策　生態移民——緑の大地，内モンゴルの砂漠化を防げるか？』昭和堂，p. 35-55.
小長谷有紀・シンジルト・中尾正義編著(2005)『中国の環境政策　生態移民——緑の大地，内モンゴルの砂漠化を防げるか？』昭和堂，p. 311.
坂井亜規子(2007)「氷河の恩恵」中尾正義・フフバートル・小長谷有紀編『中国辺境地域の50年——黒河流域の人びとから見た現代史』東方書店，p. 53-60.
坂井亜規子(2011)「天の山からの黒い水の変動」中尾正義編『オアシス地域の歴史と環境——黒河が語るヒトと自然の2000年』勉誠出版，p. 107-115.
佐藤貴保(2011)「隋唐～西夏時代の黒河流域——多言語資料による流域史の復元」中尾正義編『オアシス地域の歴史と環境——黒河が語るヒトと自然の2000年』勉誠出版，p. 63-105.
白石典之(2007)「“ものさし考古学”によるエチナ史再考」井上充幸，加藤雄三，森谷一樹編『オアシス地域史論叢——黒河流域2000年の点描』松香堂，p. 123-147.
杉山正明(1997)『遊牧民から見た世界史』日本経済新聞社，p. 390.
杉山正明(2002)『逆説のユーラシア史』日本経済新聞社，p. 288.
斉烏雲・遠藤邦彦・相馬秀廣・穆桂金・中尾正義・村田泰輔・堀和明・加藤雄三・鄭翔民(2007)「炭化植物遺体や湖底堆積物から見た黒河下流における西夏時代

の農業及び自然環境」オアシス地域研究会報，オアシス地域研究会，総合地球環境学研究所，6巻2号，p. 169-179.
関良基・向虎・吉川成美(2009)『中国の森林再生――社会主義と市場主義を超えて』お茶の水書房，p. 260.
陳菁(2007)「黒河中流域における水利用――張掖オアシス五〇年の灌漑農業」中尾正義・フフバートル・小長谷有紀編『中国辺境地域の50年――黒河流域の人びとから見た現代史』東方書店，p. 127-144.
陳菁・中尾正義(2009)「中国の水資源管理――供給管理から需要管理へ」中尾正義・銭新・鄭躍軍編『中国の水環境問題――開発のもたらす水不足』p. 51-62.
内藤望・中尾正義(2001)「居延澤面積の歴史的変遷――「中国歴史地図集」より」オアシス地域研究会報，オアシス地域研究会，総合地球環境学研究所，1巻1号 p. 53-56.
中尾正義(1986)「水源としての氷床と氷河，河川」475号，p. 18-22.
中尾正義(1987)「崑崙の氷河偵察行」AACK時報，10号，p. 44-52.
中尾正義(2002)「黒河流域周辺の人口変遷」オアシス地域研究会報，オアシス地域研究会，総合地球環境学研究所，2巻2号，p. 183-185.
中尾正義(2005)「「天の山」からの「黒い水」」NHK取材班監修『新シルクロードの旅　第3巻　西安・カラホト・青海・カシュガル』講談社，p. 78-89.
中尾正義(2005)「氷河が小さくなれば河川流量は減るのか？」(社)日本雪氷学会監修『雪と氷の事典』朝倉書店，p. 472.
中尾正義編著(2007)『ヒマラヤと地球温暖化――消えゆく氷河』昭和堂，p. 159.
中尾正義・フフバートル・小長谷有紀編著(2007)『中国辺境地域の50年――黒河流域の人びとから見た現代史』東方書店，p. 212.
中尾正義(2010)「環境問題にどう取り組むか――水問題を例として」藤本和貴夫・宋在穆編『21世紀の東アジア――平和・安定・共生』大阪経済法科大学出版部，p. 323.
中尾正義(2011a)「環境時代の到来とそのゆくえ」『岩波講座　東アジア近現代通史10　和解と協力の未来へ』岩波書店，p. 107-132.
中尾正義編著(2011b)『オアシス地域の歴史と環境――黒河が語るヒトと自然の2000年』勉誠出版，p. 273.
中尾正義(2013)「動く人々・動く境界――アジアの過去に学ぶこと」佐藤洋一郎・谷口真人編『Yellow Beltの環境史』弘文堂，p. 192-207.
中尾正義(2014)「オアシス地域の水変動史」総合地球環境学研究所編『地球環境

学マニュアル1 ——共同研究のすすめ』1巻，p. 6-9.
中村知子(2007)「地域をつくる人々——甘粛張掖地区の人口流動史」中尾正義・フフバートル・小長谷有紀編『中国辺境地域の50年——黒河流域の人びとから見た現代史』東方書店，p. 85-103.
日髙敏隆・中尾正義編著(2006)『シルクロードの水と緑はどこへ消えたか？』昭和堂，p. 198.
福嶌義宏(2008)『黄河断流——中国巨大河川をめぐる環境問題』昭和堂，p. 187.
古松崇志(2001)「元代カラホト文書解読(1)」オアシス地域研究会報，オアシス地域研究会，総合地球環境学研究所，1巻1号，p. 37-47.
古松崇志(2005)「元代カラホト文書解読(2)」オアシス地域研究会報，オアシス地域研究会，総合地球環境学研究所，5巻1号，p. 53-97.
古松崇志(2011)「モンゴル時代の河西回廊と黒河流域——カラ＝ホト文書より見た下流域エチナの自然と社会を中心に」中尾正義編『オアシス地域の歴史と環境——黒河が語るヒトと自然の2000年』勉誠出版，p. 11-48.
保柳睦美(1976)『シルク・ロード地帯の自然の変遷』古今書院，p. 327.
堀和明・斉烏雲・穆桂金(2007)「古居延澤の旧湖岸線と遺跡分布」黑水城人文与境研究，沈栄・中尾正義・史金波編，中国人民大学出版社，p. 51-64.
マイリーサ(2007)「流域の生態問題と社会的要因——黒河中流域の高台県の事例から」中尾正義・フフバートル・小長谷有紀編『中国辺境地域の50年——黒河流域の人びとから見た現代史』東方書店，p. 145-148.
三上正男(2007)『ここまでわかった「黄砂」の正体』五月書房，p. 250.
光田寧編(1995)「乾燥地の自然環境，気象研究ノート」第184号，p. 153.
籾山明(1999)『漢帝国と辺境社会——長城の風景』(中公新書)
森谷一樹(2011)「前漢～北朝時代の黒河流域——農業開発と人々の移動」中尾正義編『オアシス地域の歴史と環境——黒河が語るヒトと自然の2000年』勉誠出版，p. 11-48.
吉本道雅(2007)「弱水考」井上充幸，加藤雄三，森谷一樹編『オアシス地域史論叢——黒河流域2000年の点描』松香堂，p. 1-17.
弓場紀知(2007)「カラホト城は交易都市か——内モンゴル自治区の宋・元時代の遺跡出土の中国陶磁器から」井上充幸・加藤雄三・森谷一樹編『オアシス地域史論叢——黒河流域2000年の点描』松香堂，p. 149-171.
谷田貝亜紀代(2007)「黒河流域の気候と降水量の変化」中尾正義・フフバートル・小長谷有紀編『中国辺境地域の50年——黒河流域の人びとから見た現代史』東

方書店，p. 41-51.
米本昌平(2011)『地球変動のポリティックス――温暖化という脅威』弘文堂，p. 261.

参考文献（中国語）

甘粛省歴史档案館編(1997)『甘粛歴史人口』資料匯編(第一輯)，甘粛人民出版社，p. 387.
景愛(2000)『沙漠考古通論』紫禁城出版社，p. 336.
譚基驤編(1987)『中国歴史地図集』全 8 冊，中国地図出版社
李逸友編著(1991)『黒城出土文書』科学出版社，p. 234.

参考文献（英語）

Endo, K., H. Sohma, G. Mu, K. Hori, T. Murata and W. Qi (2003) Reconstruction of paleoenvironments in the lower reaches of Heihe and Juyan Lake area -migration of river course and Juyan lakes-. Project Report on an Oasis-region, Vol. 3, No. 2, 1-10.
Mitsuda, Y. Ed. (1994) Proceedings of International Symposium on HEIFE., Disaster Prevention Research Institute, Kyoto University, and Lanzhou Institute of Plateau Atmospheric Physics, CAS, pp.722.
Nakano T., Y. Yokoo, M. Nishikawa and H. Koyanagi (2004) Regional Sr-Nd isotopic ratios of soil minerals in northern China as Asian dust fingerprints. *Atmospheric Environment*, 38, 3061-3067.
Nakawo M. and O. Watanabe (1987) Characteristics of discharge from a glacier, observed in West Kunlun Mountains, China. *Bulletin of Glacier Research*, 5, 111-114.
Nakawo M. and H. Takahara (1988) Evaporation of river water in West Kunlun Mountains, China. *Bulletin of Glacier Research*, 6, 9-15.
Ohata, T., S. Takahashi, and X. Kang (1989) Meteorological conditions of the West Kunlun Mountains in the summer of 1987. *Bulletin of Glacier Research*, 7, 67-76.
Sakai, A., M. Inoue, K. Fujita, C. Narama, J. Kubota, M. Nakawo, and T. Yao (2012) Variations in discharge from the Qilian mountains, northwest China,

and its effect on the agricultural communities of the Heihe basin, over the last two millennia. Water History, DOI: 10.1007/s12685-012-0057-8Online First™Open Access.

Ujihashi, Y. and S. Kodera (2000) Runoff analysis of rivers with glaciers in the arid region of Xinjiang, China. Water in Arid Terrain Research, Research Report of IHAS, No. 8, 63-78.

Wang and Cheng (1999) Water resource development and its influence on the environment in arid areas of China: The case of the Heihe River basin. *Journal of Arid Environments*, 43, 121-131.

Yatagai, A. and T. Yasunari (1994) Trends and decadal-scale fluctuations of surface air temperature and precipitation over China and Mongolia during the recent 40-year period (1951-1990). *Journal of Meteorological Society of Japan*, 72, 937-957.